全国中等职业学校规划教材

# 中职生紧急避险与安全自救

韩 菲 主编

中国财政经济出版社

**图书在版编目（CIP）数据**

中职生紧急避险与安全自救／韩菲主编．—北京：中国财政经济出版社，2010.1
ISBN 978-7-5095-1928-8

Ⅰ．中…　Ⅱ．韩…　Ⅲ．①紧急避难-专业学校-教材②自救互救-专业学校-教材　Ⅳ．X4

中国版本图书馆 CIP 数据核字（2009）第 231137 号

责任编辑：孙　琛　　　责任校对：张　凡
封面设计：陈　瑶　　　版式设计：董生萍
手绘插图：陈　瑶

中国财政经济出版社出版
URL：http：//www.cfeph.cn
E-mail：cfeph@cfeph.cn

社址：北京市海淀区阜成路甲 28 号　邮政编码：100142
发行处电话：88190406　财经书店电话：64033436
北京中兴印刷有限公司印刷　各地新华书店经销
787×1092 毫米　16 开　13.25 印张　316 000 字
2010 年 3 月第 1 版　2010 年 3 月北京第 1 次印刷
印数：1—3 000　定价：19.80 元
ISBN 978-7-5095-1928-8/X·0006
（图书出现印装问题，本社负责调换）
本社质量投诉电话：010-88190744

## 全国中等职业学校规划教材编审委员会

**主　任：** 张立宪

**副主任：** 胡泮基　宋成学　解　威　徐　俊
黄志泉　张普增　余达人　潘　江
程运木　彭友生　李存义　周凤仙
严　青　王晓明

**编　委：** 陆广德　李玲兰　高金利　李　冰
孙　琛　杨钧珺

**策　划：** 陆广德

## 中职生紧急避险与安全自救

**主　编：** 韩　菲

**副主编：** 杨业明　沈　敏　卢发翠

**编写人员**（按姓氏笔画排序）：

王　佩　卢发翠　卢　云　李巧玲
陆卫东　杨业明　杨玉娇　沈　敏
余　薇　张跃飞　南燕生　黄志强
覃　敏　韩　菲

# 导言

古人云："祸兮福之所倚，福兮祸之所伏。"当前，我们生活在一个和平、发展的年代，社会的各项事业正在有条不紊地推进。但是，越是风平浪静之时，我们越要注意避免诸多不安全因素的发生，居安思危；而且这个世界到处充满着未知数，潜藏着危机。地震、火灾、交通事故、饮食中毒、传染病……可以说，生活中危险无处不在。

学生的人身财产安全与身心健康，是学校及社会安定和谐的基础，是我们求知成才的前提条件。中职生是国家建设不可或缺的力量，其安全是家长、学校和社会所共同关注的重要问题。学生涉世不深、阅历不足，安全防范意识与能力还比较欠缺。在多种因素叠加和交互影响下，学生中的安全问题比较突出。近年来，青少年学生在校园内外受到意外伤害的事件时有发生，给个人、家庭和社会带来了不可挽回的损失。这既令人痛心，又使人心生遗憾。因为这些意外事故中相当大一部分，是可以通过加强安全教育加以避免或减轻的。如果我们懂得一些安全避险知识，掌握一些自救逃生的技能，那么，在灾难突袭的紧要关头，就有可能拯救自己的生命而幸免于难。

2008年"5·12"汶川大地震，很多同学在灾难中与死神顽强拼搏，从废墟中救出了一个个鲜活的生命。面对灾难，我们需要勇气，也需要技巧。为进一步加强青少年的安全教育工作，普及安全知识，营造人人讲安全、事事讲安全的社会氛围，我们根据教育部关于加强学生安全教育的要求，组织编写了《中职生紧急避险与安全自救》一书，这是针对中职学生群体编写的一部学习安全知识的读物。

本书以相对独立的模块形式出现，每个模块分为相关的若干主题，通过"指南针"、"心语"、"想一想"、"警示录"、"专家指引"、"小卫士"、"我的感悟"和"学以致用"等栏目，突出"避险"与"自救"；寓一般的说教于丰富灵活的形式之中，寓深刻的教育于生动翔实的故事和案例之中，它们既是正文的重要补充，也是提高学生安全意识，增强他们安全防范技能的必要手段。

本书共设七个模块，从目前中职生面临的安全环境与安全问题、校园防范、意外伤害、自然灾害、人为侵害、公共安全事件、紧急救助等方面，介绍了有关避险和安全自救知识，旨在使广大中职学生树立安全意识，了解安全常识，提高自我保护能力、对不良现象的辨识能力、对意外事故的应变能力以及紧急求助能力等等，从而教育学生一旦置身于各种险情、险境时，沉着冷静地应急，机智安全地化解，为他们顺利完成学业以及毕业走向社会提供安全保障。

本书在形式上，图文并茂、活泼生动，适应了中职生的阅读特点，增强了安全知识的趣味性、可读性，有利于安全教育实效的提高；在风格上，文字浅显、言简意赅，让学生一看就懂、一学就会，让受教育者内心授受，做到入耳、入脑、入心，具有实效性。准确的知识介绍、实用的自救与救助技巧是本书突出的特点。

我们期望本书对广大青少年朋友有所帮助，希望能提供一些安全避险知识和自救常识的指导，满足他们在校生活和即将开始的职业生活中对安全知识的实际需要。

本书由武汉市财政学校韩菲主编，广西玉林财校杨业明、武汉市供销商业学校沈敏、湖北秭归职教中心卢发翠担任副主编，参加编写的还有武汉市交通学校杨玉娇、福建漳州市财贸学校黄志强、云南省财经学校陆卫东、湖北省秭归县职教中心卢云、江汉大学卫生职业技术学院余薇、湖北省罗田理工中专张跃飞、福建龙岩财经学校南燕生、武汉市东西湖职业技术学校覃敏、贵州财政学校李巧玲、武汉市财政学校王佩。

在本书编写的过程中，我们吸取了有关安全知识读本及其相关网站的资料，引用了网络资源中的一些图片，由于图片所有者不便联系，在此一一表示诚挚的谢意。

由于作者水平有限，教材内容及其写作组织必然有所欠缺。对内容中的不妥之处，敬请各位专家和读者不吝赐教。

韩 菲

2009 年 9 月 3 日

# 目录

# 模块一

# 概 述 篇

**指 南 针**

社会在发展，人类在进步，中职生的生活越来越丰富。

知识在更新，电脑在升级，中职生的能力越来越高级。

面对大问题，我们心不急。

安全自救、沉着冷静、稳妥处理、帮人帮己。

同学们，随着我们的活动领域越来越宽，接触的事物越来越多，在日常生活中，我们随时都有可能遇到各种不安全的因素。但《孙子兵法》中说："知己知彼，百战不殆"。只要我们明确有哪些安全隐患和安全问题，所有问题定能迎刃而解。就请大家打开本书开始一次安全之旅吧！

1996 年 3 月，国家 7 部委联合发布通知，决定自 1996 年起，建立全国中小学生安全教育日制度，并决定每年 3 月最后一周的星期一为中小学生"安全教育日"，规定所有中小学校都要在全校师生中开展一次安全教育活动。

中小学生缺乏安全保护意识所引发的伤害，近年来呈上升趋势，成为造成中小学生非正常死亡的主要原因。来自权威部门的资料显示，我国目前每年有 50 余万人次学生遭受意外伤害，意外伤害已成为威胁学生安全的头号杀手。从教育部门的统计来看，我国中小学生每年非正常死亡人数都在 1 万人以上。中小学生因食物中毒、溺水、交通事故、触电死亡的，平均每天都有 40 多人，相当于每天有一个班的孩子消失，受伤的中小学生就更多了。

**心 语**

我国连续几年的"安全教育日"活动，已经取得了明显效果。通过各个政府部门、学校及家长的努力，近年来各种安全防范意识在中职师生中得到了较好普及，他们防范风险的能力提高了，重大事故的发生率降低了，死亡人数也明显减少了。

但是在学生当中，还是有不少人安全意识淡泊、自我保护意识薄弱。因此，家庭、学校、社会等各个方面还应该加强对自己孩子和学生的安全教育，开展丰富多彩的安全知识教育讲座，使广大学生强化安全观念，提高自我防范能力，尽快适应新的学习生活。

# 主题1

## 目前中职生面临的安全环境与安全问题

我们要学会紧急避险、安全自救，首先要了解目前我们面临了哪些安全环境与安全问题。这可是知己知彼的“第一步”哟！学生的生活、学习领域主要有四个：家庭、校园、实习场所、社会。在这四个领域中我们面对的环境与问题可不一样！

### 校园环境与安全

校园是我们学生学习的主要场所，丰富多彩的校园生活有时给我们带了欢声笑语，有时也会给我们带来一些哀愁。为了保证我们在校园快乐每一天，那么在校园内的活动安全也就更为重要。现在就让我们重新认识一下我们的校园环境吧。

图 1.1　校园的不同环境

**想一想**

以上图片反映的是学校的什么环境，我们在生活中这里可能会出现什么安全问题？

1. 教学楼

这是我们上课、学习的地方，但现在楼房越来越高，所以这里也成了我们课间戏嬉玩耍的地方。

可能存在的安全问题：过度疯狂，坠楼事件。

2. 楼梯上

这是我们校园之路的一部分，学校的同学越来越多，每次大型集会散会后，在这里我们会真正体会到什么是“人山人海”。

可能存在的安全问题：拥挤、踩踏事件。

3. 寝室

这是我们自己的空间，有着我们不能与别人说的小秘密。但现在寝室里我们烦恼没有足够的电器插头，熄灯太早，于是寝室变得“电线密布”、烛光荧荧。

可能存在的安全问题：电线老化、乱接电线、乱接插头、使用大功率电器、点蜡烛引发火灾。

**警示录**

“着火了，快起床下楼！”冬天的一个早晨，某中职学校的男生公寓楼里一阵慌乱，近百名学生被紧急的砸门声惊醒，迅速跑下楼去，很多人穿戴不整。此时，起火的201寝室里的浓烟和火苗蹿上阳台，窗口冒出的浓烟，千米之外清晰可见。十分钟后，接报赶来的两辆消防车齐聚在男生公寓下，20分钟内火险消除，没有人员受伤。火灾原因是学生使用“热得快”，造成了电路故障而引起的。

使用电炉烧水、热饭；使用“热得快”烧水；私接乱拉电源线；小电器猛增；在宿舍吸烟和点蜡烛是学生宿舍六大“导火索”，我们每个同学都要自觉遵守用火用电安全条例，在学生宿舍坚决杜绝违章用火、用电等事件，安全防范，人人有责。

4. 操场上

这里是我们“飞翔”的天地，但有时户外运动、体育课由于我们的粗心大意，“飞翔”的天地变成我们折翅的痛苦回忆。

可能存在的安全问题：户外运动、体育课出现意外伤害。

5. 食堂

这里是我们的用餐场所，也许这里也会成为我们食物中毒的发源地。

可能存在的安全问题：食品中毒、不慎饮食引发肠胃疾病。

警示录

2009 年 4 月 23 日上午 11 时许，江门市某学校的老师向当地卫生院反映，该校部分学生出现恶心、头晕、呕吐等症状，疑与早餐食物有关。学校和卫生院迅速将情况上报有关部门，116 名学生被送至卫生院观察治疗。经排查，其中 43 人被确诊为轻微中毒。

经现场了解，这些学生是在食用了学校提供的早餐后出现恶心呕吐的。排查后发现，出现中毒症状的学生都食用了河粉，由于这些河粉是学校食堂从外面采购回来的，不论是货源有问题还是学校在冷藏保存过程中出现变质，这都给我们敲响了警钟。

面对上面诸多的校园安全问题，看来我们的生活处处有风险呀！但是，大家不要担心，“校园安全口诀”可以帮我们将危险消灭在萌芽之中。

文明校园讲礼貌，上下楼梯朝边让；
火灾盗骗须防范，晚关门窗不能忘；
黄色网点不登站，赌博吸毒莫沾染；
自带餐具上食堂，讲究节约防病脏；
危险禁地别乱闯，安全第一记心上。

## 家庭环境与安全

家是我们温暖的港湾，家是我们幸福的怀抱，家是我们甜蜜的储物罐。家庭是学生除校园以外另一个更为重要的生活领域。

据了解，部分学生的父母长期外出打工，学生长期处于一种独自生活的状态，或是长期和自己的爷爷、奶奶生活在一起，过早承担起家庭的责任。

在一定程度上家庭环境与安全更应引起我们的重视。同学们，我们家庭安全防火墙建设好了吗？不要因为大意使我们的家庭有了痛苦的回忆与阴影。

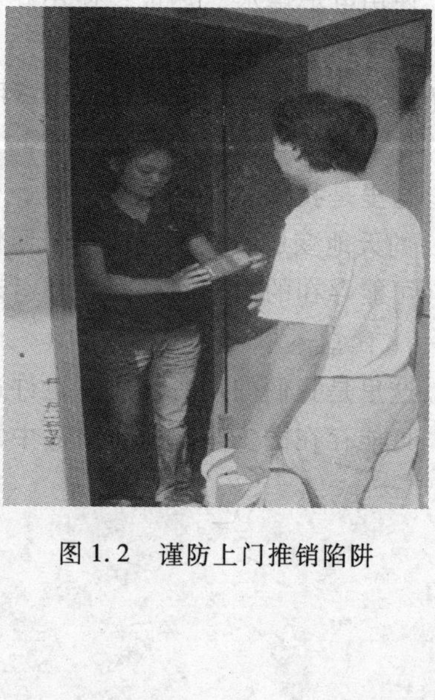

图 1.2　谨防上门推销陷阱

警示录

2006年5月27日下午，台山市小学生陈某与3名同伴相约去村外水潭游泳，4人下水不久，陈某突然在水中挣扎起来，3个同伴当时既未大声呼救，也没有采取其他措施，而是惊慌离去。直到第二天民警询问时，他们才讲出同伴遇溺，此时陈某早已溺水身亡。该水潭仅深1.4米，附近二三十米处就有大人。当地人称，如果3个孩子在这次事件中不惊慌，大声呼喊求助，悲剧就不会发生了。

而在2004年冬天，深圳市年仅7岁的小学生袁媛，在父母煤气中毒的危急时刻却能沉着冷静，镇定地按照在学校所学的安全知识，迅速关上液化气罐阀门，打开门窗，然后到室外用父亲的手机拨打110、120，赢得了宝贵的抢救时间，将父母从死亡线上拉了回来。袁媛因此也被评选为当年“感动中国”的杰出人物之一。

我们生活在家庭、学校和社会的环境中，突发事故的发生往往不可避免。在事故发生时是否具有相关安全常识和应变能力，就成了决定最终结果的关键。同样是孩子，同样是面对突发事故，惊慌和逃避使意外变成了无法挽回的悲剧，冷静和勇敢却造就了一个感动中国的英雄孩子。

台山的事故发生后，几个后悔不已的孩子都说“我没想到会发生这样的事”，“我不知道该怎么办”。这些在蜜罐里长大的孩子，对突发事故完全没有概念，真正面对事故时自然也不知道如何是好，最后在慌乱中做出了令自己愧疚一生的决定。

而7岁的袁媛之所以能够在危急面前如此冷静和勇敢，除了本身拥有过硬的心理素质外，还得益于所在学校开设的生存教育课程，正是在学校里学到的紧急自救知识，让她清楚地判断出，父母是遭遇煤气中毒了；而她也没有忘记自己学过煤气中毒的处理方法，拥有自救和救人的技能。

想一想　中职生面对突发事件时应具备什么样的心理素质？

对我们来说，最好的技能，就是生存的技能。因为生命权是我们最基本的权利，也是所有教育和美好生活的前提。家长都希望，孩子能一直拥有幸福的生活，能像雄鹰一样翱翔于蓝天。所以，在孩子真正遇到风雨前，家长应该培养孩子面对突发事故的应变能力，让他更加冷静、坚定、勇敢，以自己的力量获得积极的结果，这才是他更坚强的翅膀。

独自在家时，要关好门窗、锁好房门，防止盗贼潜入；当有人敲门时，一定要问清来意，不轻易给陌生人开门；睡觉前检查燃气阀门是否关闭，炭火是否熄灭，防止一氧化碳中毒；检查各种电器开关是否关闭，以防漏电、短路而导致意外。

## 实习环境与安全

生产实习是中职学校的一大特色。现在中职学校大多都采用“2+1”教育模式，或是“1+1+1”培养模式。目前我国中等职业学校的在校生有1700多万人，每年参加顶岗实习的学生有数百万人。不同种类的实习不仅给我们带来了学习感受上的冲击，还给我们带来专业技能的提高。同时面对高度仿真的实习环境，安全成为社会、学校和我们自己倍加关注的一个问题。同学们，想一想我们实习中会遇到哪些问题呢？

图1.3　学生的实习环境

**想一想**　你认为在实习环境中存在哪些安全隐患或安全问题？

中职学生去企业实习，学校或企业必须为学生购买意外伤害险。武汉市教育局出台新规，对中职生校外实习进行规范。

新规明确指出，要为实习学生购买意外伤害保险等相关保险，具体事宜由学校和实习单位协商办理。实习期间，学生人身伤害事故的赔偿，依据《学生伤害事故处理办法》和有关法规处理。此外，学生到实习单位实习前，学校、实习单位和学生本人或家长应当签订书面协议，明确各方的责任、权利和义务。

中职生在实习中面对的情况较为繁杂，环境安全、责任安全意义相当重大。因此，我们应从以下几方面落实实习安全问题。

- "安全责任重于泰山"。中职生要培养自己强烈的安全责任感，正视实习安全责任问题；
- 实践出真知，实习学习是成材的必经之路。学校一定要培养学生在实习中的安全责任感；
- 切实履行实习过程中的安全责任，实习更要守护自己的人身安全；
- 学会利用社会中的各种保障工具给自己的实习增加安全保障系数。例如：人身意外保险、相关法律法规等。

不得安排一年级学生到企业等单位顶岗实习；

不得安排学生从事体力劳动强度过大或有安全隐患的实习工种；

不得安排学生到酒吧、夜总会、歌厅、洗浴中心等营业性娱乐场所实习；

不得安排学生每天顶岗实习超过8个小时；

不得通过中介机构带领、组织、安排和管理实习工作，实习工作必须是学校和企业共同管理、共同组织；

不得通过中介组织安排和管理。

——《中等职业学校学生实习管理办法》

**社会环境与安全**

社会是个万花筒。我们初涉社会，对整个世界充满了好奇与渴望。在这五彩斑斓、炫彩夺目的社会中，我们编织梦想，成就理想，但也有可能会不小心会碰到暗礁。现代社会生活的节奏越来越快，人们精神压力大、生存竞争更为激烈，由此引发出来的社会问题、社会犯罪等更为突出。像早恋、网瘾、交通事故等都会降临在那些没有防范的中职生身上，而由此引发的伤害更是让我们中职生苦不堪言。

图 1.4　我们可能面对的社会环境

> **想一想**　我们应以什么样的态度对待图 1.4 中出现的问题？社会中还有哪些影响我们健康成长的问题呢？

这几年，我国社会突发事件发生较为频繁。例如：“禽流感”的传播、冰雪灾害、汶川大地震等。作为当代中职生我们应该切实有效地掌握面对社会突发事件的急救措施，确保在灾难和不安全环境中的自救与助人。本书模块六有详细介绍。

身在纷繁的社会里，我们要不断地了解社会，适应社会，维护社会的稳定。为的是能有效地保护我们扬帆的小船安全起航，为我们建立真正和谐的社会。

**我的感悟：**

______________________________

______________________________

______________________________

______________________________

# 主题 2

## 树立安全健康意识

随着社会的经济发展，人民的生活越来越富裕，但人民的安全意识显然没有跟上时代的步伐。许多青少年在安全意识的天平上失去了平衡，在我们替他们可悲可叹时，我们应该敲响安全意识的警钟，让悲剧不再重演。

**警示录**

> 2005 年 5 月 14 日 15 时 20 分，水村中学初三学生郭晋波（男，14 岁）未戴安全头盔无证驾驶他人无牌摩托车，带本校初三学生杨李艳（女，14 岁）、田敏（男，14 岁）三人沿陵沁线由西向东行至 121 公里路段左转弯掉头时，越过路中双黄实线左转，与迎面驶来的一辆公交车相撞，造成两车损坏，郭晋波、杨李艳、田敏三人受伤住院。

三位同学的行为是由于缺乏安全交通知识和安全意识淡漠造成的，我们不能因为自己的无知而枉送了自己的生命，请为自己的生命负责，树立安全健康意识。

摩托超载

电线上晾衣服

图 1.5　缺乏安全意识的行为

**想一想**　我们应从哪些方面来增强我们的安全健康意识？

### 树立安全健康意识的重要性

树立安全健康意识，有效防范个人、集体、国家的财产受损失。在每一起安全事故中，个人、集体、国家的财产都会或多或少地受到损失。我国每年因安全事故造成的直接经济损失，初步测算在 1000 亿元以上，加上间接损失达 2000 多亿元，约占 GDP 的 2.5%。然而造成这些事故的原因更多的是由于人们的安全意识淡漠导致的。

树立安全健康意识，也是保护自己人身安全的有效保障。目前，我国进入了校园安全事故的多发期。教育部门的有关调查表明：溺水、交通事故、中毒、治安事故、建筑物倒塌等是当前中小学生伤害和死亡事故的主要因素。如何保护好自己，使发生在我们身上的意外事故减少到最低，让我们能够健康安全地学习成长，是我们应该关注的问题。

激情创造未来，安全成就今天。在课堂上、在校园内、在家庭里、在社会上，都应让安全事故、安全隐患少一点，再少一点，让年轻的生命灿烂绽放！

**想一想**

你认为你有安全意识吗，为什么？
你认为你平常做的哪些事情是缺乏安全意识的？

**如何树立安全健康意识**

其实，我们身边还隐藏着许多的安全隐患，只是有些情况我们没有意识到。只有提高安全防范的意识，学会去避免、去排除某些危险，这样才可以换来安全。

- 我知晓　我防范
- 我知晓　我应用
- 我知晓　我助人

那么又如何提高自己的安全防范意识呢？

• 加强安全知识的教育。

树立强烈的安全意识是至关重要的。首先要加大宣传的力度，用各种方式宣传安全的重要性，用典型的事例来刺激人们的心灵深处，逐步形成安全文化的氛围；对于我们应该学会或知晓一些安全常识，如：在走廊里的时候要靠右走，避免和其他人的冲撞产生的伤害；不要告诉陌生人家里的住址和情况，不要随便与陌生人搭话、更不跟陌生人走；记住常用的急救电话，遇到紧急情况知道向民警求助；知晓家用电器的使用和安全注意事项；明确化学物品、药品的标识及使用；遵守交通规则等。

• 要主动学会意外发生时的应急措施。

懂得应急措施非常必要，例如，煤气泄漏时要先切断气源开窗通风，千万不能马上开灯、打电话、开关电子打火设备，否则会引起爆炸；遇到意外，会打报警电话；懂得一些基本医学知识，如人工呼吸、急救止血方法等。

• 培养自控力。

自控力指的是能够控制、支配自己的行动，并自觉地调节自己行为的能力。有的学生也懂得安全知识，但自控力差。因此，有时玩起来忘了安全，造成自己受伤害或损伤别人。无论是工作、娱乐还是休息，我们都应该有个时间安排，不能想玩时就玩上一天，忘了学习，想学习时就学上一天，忘了休息。

我们并不是每时每刻都在老师、家长的督促下学习生活，而更多是靠自觉，自己支配时间，自己管理自己。有些同学对此还不习惯，抱怨学校管理太差或管理太严。其实，不论环境是多么的宽松还是严厉，我们同学都应该逐步过渡到自己管理自己，也就是从他律到自律，这样才能成为一个合格的社会人。

社会生活的确丰富多采，诱惑很多，若自制力太差，可能会沉迷于玩耍而荒废学业。学习是一种很艰苦的脑力劳动，没有必要的时间保证、没有一定的自控力是不行的。

图 1.6　跨越护栏、翻围墙

提高学生的安全防范意识，有助于减少意外事故的发生的频率，防范社会不法分子的侵害。我们已经不同程度地接触了社会，目前社会治安中仍然存在不少问题需要解决，社会上还存在违法犯罪现象，我们遭到不法分子侵害的情况也时有发生。所以，我们很有必要学会正确认识遇到的人和事，提高预防各种侵害的警惕性，消除对危险的麻痹和侥幸心理。同时也要树立自我防范意识，掌握一定的安全防范方法，增强自身的防范能力，使自己在遇到异常情况时，能够冷静、机智、勇敢地去应对。

**我的感悟：**

## 主题 3

### 维护学校稳定，构建和谐校园

**稳定和谐的校园是学生成人成才的前提**

学生在学校学习，有一个稳定和谐的校园环境是最基本的前提，而我们学生的安全是维护学校稳定、构建和谐校园的重要指标。

维护学校稳定，构建和谐校园要人人知晓，人人参与，人人尽责，人人献策，搞好该工作是其他工作的先决条件。我们学生也要与学校的教职员工同心协力，全面贯彻落实执行各项规章制度，模范遵守校纪校规，目标一致才能确保维护学校稳定、构建和谐校园之目的。

**利用多种形式广泛宣传安全知识**

我们中职生大部分都是未成年人，涉世不深，社会经验、生活常识、法律意识、危险意识等认识不足，甚至有的视自己或他人的身体健康和生命为儿戏。这就要求学校有责任与义务，利用多种形式广泛宣传安全知识，让学生先学后用，先知再用，从无知到有知，这才是从根本上杜绝安全事件发生的行之有效的方法之一。

学校的宣传活动主要围绕以下几方面展开：

• 组织学生进行地震疏散和消防安全演习。汶川大地震的教训和经验告知我们，发生地震时，老师要沉着冷静，组织学生有序快速下楼，以确保学生的安全，老师有责任、有义务保护学生。

• 校医务室要结合四季变化，抓好防冻、防暑、传染病、流行病的防治宣传工作，督促学生经常消毒寝室、教室，确保学生健康安全。

• 加强毒品危害的宣传。毒品侵蚀学生也不是什么新鲜事，在不法分子的教唆下，毒品会让青少年产生好奇心理，而往往忽视了它极其严重的危害性。许多血淋淋的事实，强烈呼唤我们远离毒品，捍卫生命（本书模块五详解）。

• 加强早恋及性行为危害的宣传。随着网络的广泛应用，网络色情信息泛滥，色情书籍音像制品侵袭我们未成年人。父母、老师难以监管，导致学生早恋及性行为呈低龄化趋势，这种现象已严重困扰着社会、家庭、学校和学生自己，不少学生为此弃学业、失生命，如果我们加强宣传、引导心理咨询，也许我们会避免这样无谓的代价。

**想一想** 加强学生安全教育只是学校的事吗？

同心协力、齐抓共管，共创稳定和谐校园

学生的安全工作不只是领导的事，而是全体教职员工、学生共同参与的事，人人参与，人人有责，从我做起，从小事做起。

• 完善各种规章制度，制订预防各类突发事件的应急预案；加大安全工作力度，全面净化校园环境；认真检查各种不安全和不稳定因素，发现问题及时整改；

• 作为学校保卫人员要恪尽职守，不该出的学生不让出，不该进的人员不能进，封闭管理，预防学生独自外出受伤害或外出作案，防范社会闲散人员在校内打架斗殴和治安事件的发生；

• 查处滋扰校园治安秩序和侵害学生人身安全的盗窃、敲诈、抢劫、抢夺、伤害等各类违法犯罪活动；

• 开设治安、刑法知识课堂，让学生人人学法、人人懂法、人人守法；同时学校应经常突击检查学生是否带刀棍等凶器进校，防患于未然。

• 协助有关部门清理校园周边地区非法经营的网吧、迪吧、电子游戏厅、录相厅、歌舞厅、音像书刊商点；取缔学校周边 200 米内的营业性上网服务场所，尤其要落实好在学校周边 200 米内不得设立营业性网吧的规定；

• 强化安全设施的建设，定期检查各类电气设备，消除校园安全隐患；

• 后勤食堂要保证进货渠道可靠，食品卫生，不让学生吃腐烂变质食品；

• 校内上体育课、开运动会时，体育设施要检查，活动内容要规范，保证学生安全。

警示录

1995 年 11 月 17 日下午，某中职学校体育老师同时给两个班级的学生上体育课，安排学生进行地滚球练习。在练习过程中，学生顾良与杨晨发生相撞，导致顾良眼、脸部受伤。经法医临床学鉴定，顾良伤致左眼眶底骨折、左眼下直肌嵌顿，构成轻伤；顾良外伤后能复视，但损伤已达 10 级伤残程度。

不经意的一碰，给同学的身体带来不能承受的痛。要知道，体育课是我们增强安全防范的另一个教育重地。愿在安全意识的保护下，我们的课堂更安全，我们的生活更美好。

• 加强学生行为规范和传统文化教育，用传统文化中的精髓来熏陶学生，形成良好的道德修养和文化素养，使其行为得以规范，促进我们的安全工作；

警示录

某职校学生张雄与徐宣国课间因为地上一张餐巾纸而引发矛盾，由争吵发展到相互动手，同班学生邓文驰见状不仅不劝阻，反而火上加油，当场掏出随身携带的一把跳刀递给张雄，张雄接过刀子后当胸刺向自己的同学，致使徐宣国同学左心室被刺破，大量失血，生命危在旦夕，由于施救得力，花钱 10 多万元，才脱离危险，张雄、邓文驰被开除学籍，移交公安机关处理。

刀具虽小，引发安全问题不小。安全文明校园，需要大家共建，抵制刀具进校，安全你我他。

● 开展不同类型的安全主题班会，做到警钟长鸣。如：安全用电主题班会，交通安全主题班会，珍爱生命主题班会……教育学生尊重安全规律，珍爱生命，爱护他人。

总之，安全教育是学校德育教育的一个重要内容，也是学生知识体系不可缺少的一个组成部分。学生素质是安全工作的内因，因此，我们学生要主动学习安全知识，认识、把握、尊重安全规律，提高安全意识，遵纪守法，规范行为，这样就能确保自身安全，顺利走向社会，实现自身价值。同时，学校抓好安全教育，对于加强学校的日常管理，维护学校的正常教学、生活秩序，保障学生人身和财物安全，促进学生健康成长，从而构建稳定和谐校园具有十分重要的意义。

**我的感悟：**

______________________________

______________________________

______________________________

______________________________

一、模仿下面的安全标语，请同学们自己来设计几条，比一比谁的标语最醒目。

● 营造校园安全氛围，创造温馨学习环境。
● 安全伴我在校园，我把安全带回家。
● 维护校园安全，营造和谐环境。
● 增强师生防范意识，营造校园安全环境。
● 我要安全、我懂安全、事事安全、人人安全。
● 生命至高无上，安全责任为天。

你的创意：

______________________________

______________________________

______________________________

二、请拟出增强自身安全意识与安全保障的计划书。

第 1 步：______________________________；
第 2 步：______________________________；
第 3 步：______________________________；
第 4 步：______________________________；

你的结论：______________________________________________。

三、在不同的实习环境中，我们应做的准备和注意事项不同，同学们请结合自己的专业想想你需要有哪些安全保障措施？

四、你认为和谐校园应具备哪些方面的安全措施及防范工作？

五、学生安全防范意识的问卷调查。

- 你认为以下两点哪个更重要？

A. 安全　　　　B. 知识

- 学校曾组织过安全教育吗？

A. 有　　　　B. 没有

- 你认为有必要对学生进行安全教育吗？

A. 有　　　　B. 没有

- 你知道怎样使用灭火器吗？

A. 知道　　　　B. 不知道

- 如果学校出售有关安全知识的书籍，你会买吗？

A. 会　　　　B. 不会

# 模块二

# 校园安全篇

**指 南 针**

我们学生正值人生的黄金时代，数年光阴要在校园中度过，学生在校园里的安全成为学生、家长、学校、政府所共同关注的最基本的、最重要的问题。近年来，全国各地不少学校学生伤亡事故频发，校园打架斗殴、火灾、拥挤踩踏、被骗财骗色等一幕幕触目惊心的场景，暴露出校园安全存在的各种隐患。

我们要想在一个安全、和谐的校园中健康成长，远离意外伤害，除了学校、老师的努力外，学生自己必须认真学习有关校园安全的常识，提高自身的安全防范意识和自救能力，消除安全隐患。

安全、美好的校园环境是学生学习知识、培养技能的殿堂。本模块就校园经常发生的一些安全事件，诸如校园违纪事故、烟酒的伤害、校园暴力事件、校园火灾、校园盗窃等发生的原因、处理的方法和预防措施给予介绍。

通过学习，同学们将更加珍爱生命，在遇到危险能及时并正确地自救和救人。牢固树立安全意识，打造平安、和谐校园。

2004年11月13日凌晨，湖北孝感某职业学校男生宿舍501、502室的学生突然被“砰、砰”的踹门声惊醒，几条黑影冲入宿舍内，他们手持片刀、钢管威逼学生们交出钱物。502室一名学生的银行卡被抢走，密码也被逼说出。两间宿舍共有29名学生，除5人身无钱物外，其余24人均被洗劫，共被劫走现金1623元，复读机和CD机各1部，农行储蓄卡、邮政储蓄卡各1张。歹徒一离开，学生们立即报了警。

2008年12月8日，在某职校的一个晚自习教室里，教师之前曾到教室给该班学生布置了作业，并让各小组组长维持纪律。16岁的陈某在写作业时，多次与同桌哄笑。陈某所在小组组长郭某便拿起课本击打陈某的头部数下，致使陈某当场昏倒在地。事故发生后，学校立即派人把陈某送往医院，经诊断为癫痫病（击打行为系诱发因素）。陈某住院45天，其间花去医疗费、住宿费、交通费等各项费用共计7600元。后因赔偿问题未达成协议，陈某将学校和郭某及其监护人诉至法院。

心 语

一连串的校园安全事件震撼着人们的神经，一个个花季少年的健康和生命受到威胁。诸多安全事件在校园中的频频发生，给校园拉响了安全警报！提高安全意识、增强纪律观念、强化应对能力已经刻不容缓。

# 主题 1

## 纪律是校园安全的生命线

常言道，“没有规矩，不成方圆”，无论哪个行业，都将纪律、规章制度放在首要位置。古今中外，师出以律，概莫能外。一个学校没有纪律，教育学习就无法正常进行，校园安全就没有保障。

统计校园安全事故可以发现，绝大部分都是因为学生违反校纪校规造成的。为了保障学生在校园的安全，学校制订进出校门管理、学生宿舍管理、运动场管理、校园消防、校园交通、用电安全、饮食卫生、大型集会活动等的管理规定，目的是规范学生行为，养成良好的安全习惯，防患于未然。

作为学生，我们必须认识到：学习、工作和生活过程中都需要纪律、需要约束、需要规则；每一个人都要遵守纪律，并为自己不遵守纪律的行为承担责任。

### 违纪导致安全事件多

1. 体育运动违纪易受伤

体育运动容易受伤，意外事故也时有发生，究其原因主要是在体育课上个别学生不听从老师的指导，不遵守规定造成的。

警示录

某职校举办秋季运动会，李某是参加这次铅球比赛的运动员。在李某之前的运动员投掷完毕后，担任裁判的教师到铅球着落地点丈量投掷距离，余某等几位同学随该老师进入落地区内观看丈量结果。量毕，余某随老师一起走出投掷区，就在此时，李某在裁判没有发出开始投掷的口令之前就擅自投掷出铅球，结果砸中尚未退出运动区的余某的头部，致其头部急性重型颅脑损伤，右额额部硬膜外出血。

学生余某的受伤，是因为同学李某不遵守纪律造成的。其实只要按照活动规则参加运动，完全可以避免给自己或他人不必要的伤害。所以，预防体育课的伤害，纪律是保障之一。

2. 校外租房藏隐患

警示录

一名中职女生小宋讲述：再过几天就要毕业了，我很迷茫也很痛苦。因为父母离异，家人很少管我，使我养成了自由散漫的习气。从二年级下学期开始，我就和几个同学在校外租房。由于学校和老师都管不着我，我就经常旷课，到网吧上网，去歌厅K歌，甚至有一次我还偷偷拿了妈妈的500元钱和同学外出旅游。因为这样，在校期间我并没有学到应有的知识和技能，也受到学校的处分。要毕业了，找工作也没有足够的底气，现在我很后悔，但为时已晚。希望我的教训可以唤醒后来人不要再有我这样的憾事。

图2.1 校园附近无序的租房市场

2006年10月7日，内蒙古巴彦淖尔市乌拉特前旗第一中学5名校外租房学生，在租住房里发生一氧化碳中毒，其中3名女生经抢救无效死亡。

据有关媒体报道，从2006年3月下旬到2009年3月中旬，南昌市某些邻近高校的出租屋内，相继发生过7起入室抢劫强奸案。7名受害者均是租住在出租屋内的附近高校的在校女大学生。

现如今，中职生校外租房越来越多，同时也带来了很多社会问题。由于校外租房，学校难以管理，一些自觉性差的学生更失去了教育的约束。青少年学生缺乏社会经验和生活经验，一些学生沉迷于游戏之中，有的学生和社会上不三不四的人交往。更可怕的是，一些学生还有可能走上违法犯罪的道路，给自己和社会带来了极大的不安全性。

小卫士

2007年7月6日，教育部发出通知，要求各地高校2007级及以后的新生要保证按班级住宿。原则上不允许学生自行在校外租房居住。

对于大学生尚且如此，那么我们只有十五六岁的学生不是更应该杜绝这类现象的发生吗？

想一想

校外租房的安全隐患有哪些？你怎样看待这个问题？

3. 翻越围墙酿血案

现在，很多学校为了安全起见，实行封闭或半封闭的管理模式。校园不能想进就进、想出就出，由此也“逼迫”部分学生在校内频频违纪，特别是学生爬围墙外出的现象很严重，这是许多学校学生安全管理的一个难题。

警示录

玉林某职业学校电子商务专业学生伍某，因为平时迷恋网络游戏，晚自习时间经常偷偷爬围墙外出到网吧玩游戏。2007 年 10 月 15 日晚，他爬上围墙后不小心从上面掉了下来，结果右腿大动脉被地上锋利的瓦片割断，鲜血喷涌。伍某惶恐之时，大声喊救命，幸运的是恰好被经过此地的校保安夜巡队发现，并及时送往医院抢救而幸免于难。

中职生的主要任务是学习专业技能，在校期间必须要按时参加教学计划规定和学校统一安排组织的一切教学活动，保证习得一技之长。没有必要不外出，如果确要出校，务必向学校办理好请假手续正常外出，尽量避免不必要的意外伤害。

此外，校园内时常发生打架斗殴、小偷小摸、违规用电用火、赌钱等违反校纪校规的行为。这一切严重扰乱了校园秩序，污染了校园风气。这和我们部分学生纪律松散、自律不严是紧密相关的。

图 2.2　学生在校的一些违纪现象

**想一想** 在校园里，你有过这些违纪吗？如果有，该如何改正自己的行为？

## 争做遵纪守规的模范

常言道：千里之堤，溃于蚁穴。如果从小养成了各种不良习性，以后要改正就很难了。所以，我们中职生要从小事做起，从身边做起，从现在开始，做个遵纪守法的好学生。

- 遵守纪律就是有效服从学校的安全管理制度，树立安全第一的观念，服从学校的各项纪律管理；
- 遵守纪律要求我们懂得自律，遵纪守法，从遵守学校规章制度做起，不管有没有人监管，守纪一如既往；
- 遵守纪律需要提高综合素质，要有正确的人生观和价值观，不贪图享受，不损人利己，不为所欲为；
- 遵守纪律要求我们自觉抵制各种不良的诱惑，文明交友，不近暴力、色情书刊和音像制品，不染毒、不参赌等；
- 遵守纪律离不开与违反纪律的行为作斗争，发现违纪行为要大胆的劝阻，劝阻不成要及时向学校老师、相关负责人报告，对于情况严重的违法行为可以打“110”报警。

**想一想** 严格遵守纪律的同学是不是假正经、很死板？

**我的感悟：**

# 主题2

## 校园的重量级杀手——火灾

当年诸葛亮同周瑜定计，火烧赤壁，大败曹操，火的威力让人胆战心惊！人类文明和科学技术已高度发展的今天，面对火灾还常常力不从心，难以控制。我国校园发生的小型火灾，每年就有数千起之多，校园火灾已经成为一个重量级的杀手，是一个比较严重的校园安全问题。

图 2.3　时刻防范火灾

### 校园火灾为何屡屡发生

1. 物品的无序堆放

在宿舍里，因为人多物多，不少同学将衣服、被子、书籍等易燃物品杂乱无章地随意摆放，有些垃圾随地扔或把垃圾堆放在角落里，致使一旦遇上星星之火就可以迅速蔓延，很容易造成火灾。

2. 私接电线、乱用电器

根据公安部公布的2008年火灾统计资料，从引发火灾的原因看，电线短路、超负荷、电器设备故障等电气原因引发火灾4万起，占总数的30.1%，是起火原因的首位。很多学生在宿舍里私拉电线，违规用“热得快”烧水，很容易因超负荷造成电路短路起火，或因烧干水后烧坏其他物品而起火。另有一些学生图便宜购买劣质电器使用，也很容易造成线路短路而起火。

**警示录**

2008年11月14日6时10分，上海商学院徐汇校区学生宿舍楼602寝室因违规使用“热得快”发生火灾，4名女生从6楼宿舍阳台跳下逃生，当场死亡。

据逃生的两名女生回忆，当天早晨6点多，她们发现其中一个堆放杂物的下铺冒起了火苗。因为当时火苗不是很大，她们本以为用脸盆接水，就可以迅速扑灭火苗。当她们两人端着脸盆，跑到同一楼层中间位置的盥洗室接完水准备返回宿舍时，却发现宿舍房门已经关闭，无法打开。没多久，她们就听到房间内传来一阵阵尖叫声和求救声。因为20余平方米的房间内，住着6个人，被子、蚊帐、衣物等易燃物迅速燃烧、火势蔓延，不过几分钟就冒出大量浓烟。据这两名女生回忆，因为宿舍有用“热得快”烧热水的习惯，她们怀疑是“热得快”引燃了堆放杂物的下铺。

消防部门的防火专家证实说，起火原因的确是使用“热得快”造成的。602宿舍本来是一个密闭空间，氧气浓度一般。然而，当这两名女生打开房门准备接水灭火时，突然涌入的空气很可能起到了助燃的作用，进而迅速燃起了大火。

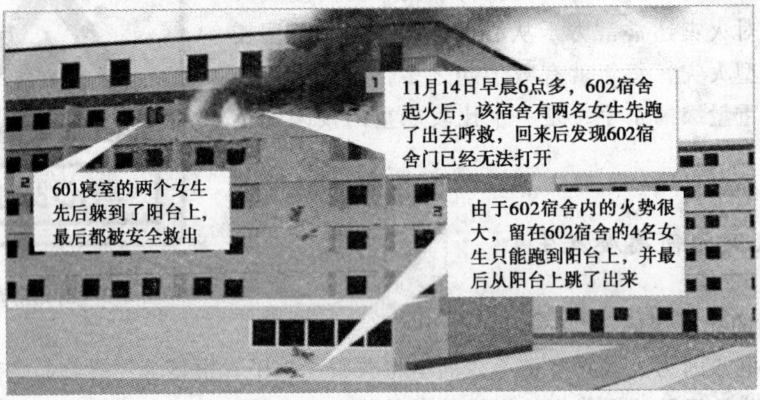


图2.4　上海商学院火灾

**想一想**

显然她们的逃生方法完全失败了，现在请你当当事后诸葛亮，根据当时的情况及地形，设计合理的逃生办法。

3. 违规抽烟，乱扔烟头

根据公安部公布的2008年火灾统计资料，从引发火灾的原因看，吸烟引起的火灾占7.3%，为第三大起火原因。可见吸烟除了危害人类健康，还是造成火灾的罪魁之一。

**警示录**

2008年4月2日，钦州浦北县某中学男生宿舍起火，事发时，学生正在上课，火灾被宿舍管理人员及时发现，报告学校值班领导和老师后，将火灾扑灭，幸好没有造成人员伤亡和学生混乱。

据了解，当天晚上10点多钟，在晚自习下课前，宿舍管理员再次对宿舍进行了例行检查。来到四楼时，发现一间宿舍冒出浓烈的烟火，宿舍管理员便破门而入，发现整间宿舍都是浓烟，伸手不见五指，也没见到有火苗，连忙向值日领导和老师汇报。1分钟后，几个人拿着毛巾和水桶后便摸索着寻找着火点，发现是一个上铺床位的棉被着火，连忙用水将烟火泼灭。随后，闻讯赶到现场的消防人员对现场进行勘察时发现，在下铺床底下一个塑料罐子装着大约10根左右的烟头，并在着火的棉被里发现一个打火机。初步认为造成此次火灾的原因是学生吸烟不慎，导致烟灰引燃棉被形成阴燃。

住在该宿舍的一学生说，在下午晚饭后，曾坐在着火床铺抽烟，然后把烟头从窗口扔了出去。在下午6点40左右，准备离开宿舍去教室时，闻到宿舍里有一股焦味，他便与另外一个同学查看了一下，没有发现异常情况，以为焦味是从窗外传进来的。这样，关上宿舍门后就到教室去了。

同学们，为了自己的健康，为了校园的安全，让我们远离香烟吧！

《未成年人保护法》第27条规定："任何人不得在中小学、幼儿园、托儿所的教育、寝室、活动室和其他未成年人活动的室内吸烟"。

4. 使用蜡烛照明

熄灯后，有些同学在宿舍点蜡烛看书，不小心碰倒蜡烛而引起火灾，或是睡着了未熄灭蜡烛，结果蜡烛燃尽，引燃了书籍、床板、蚊帐、被子等易燃物品，酿成火灾。

警示录

1997年5月23日凌晨3时许，云南省富宁县某乡中心学校一学生在床上蚊帐内点蜡烛看书，不慎碰倒蜡烛引燃蚊帐和衣物引起火灾。烧死学生21人，伤2人，火灾直接经济损失1.5万元。

学生刻苦学习的精神值得赞赏，但是在寝室内特别是在床上点蜡烛看书是十分危险的行为，同学们不能抱着一种侥幸的心理，认为自己会小心的，不会发生意外的。事实上，当你专注看书时，往往也是危险来临时。

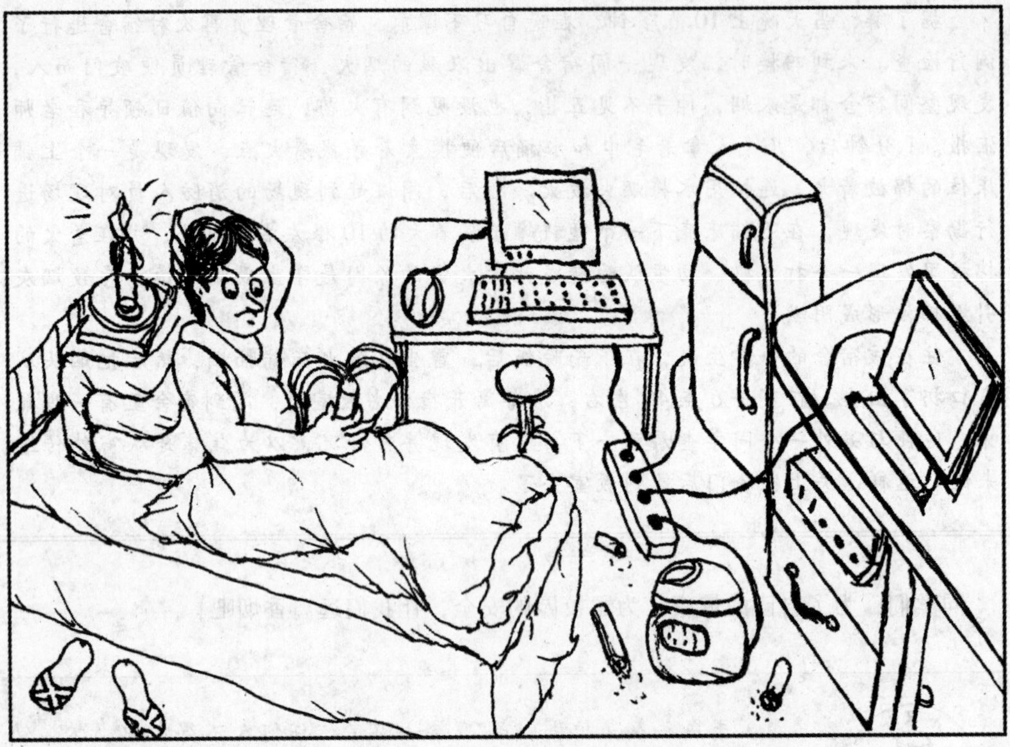

图 2.5　寝室火灾隐患和消防须知

5. 肆意焚烧杂物

使用明火，最易引发火灾，因为明火实际上是正在发生的燃烧现象，一旦失去控制马上便会成为火灾。道理虽然简单明了，但有的同学却常常不以为然，随意在宿舍内焚烧书信杂物，最终不仅自食其果，还殃及他人。

6. 违反安全规则进行实验

学生在校实验室做实验时，不小心也会导致火灾。究其原因主要有：不清楚或忽视实验材料的基本理化性质；未遵照操作规范；仪器设备没有按规定检修维护；特殊操作未按要求采取必要措施。

实验火灾 80% 以上的都是由人的直接不安全行为造成的。实际上，火灾的上述四大不安全隐患在很多实验室都存在。因此，实验防火，要时刻谨记。

## 火灾中的安全自救

火灾发生时，审时度势，应该及时地报警求救，正确采取安全自救措施，对扑灭或控制火势，减少伤亡及财产损失非常重要。

1. 火势不大可扑灭

如发现较早，火势不大，大家团结一致，完全可以扑灭，避免进一步的灾难发生。灭火办法首选灭火器喷射，第二是用水泼，第三可用棉被大衣等厚重物品往火苗上盖压，第四可用扫把拖把等拍打。特别注意，是电路引起的火灾一定要先切断电源！一旦发现火势不能控制时，应马上放弃，紧急逃生，同时拨打119电话求助。

图 2.6　遇火灾打“119”

**想一想**　你知道有几种灭火器？了解它们的使用方法吗？

灭火器的种类很多，按其移动方式可分为：手提式和推车式；按驱动灭火剂的动力来源可分为：储气瓶式、储压式、化学反应式；按所充装的灭火剂则又可分为：泡沫、干粉、卤代烷、二氧化碳、酸碱、清水等。

介绍几种常用灭火器的使用方法：

- 二氧化碳灭火器的使用方法：

手动开启式（鸭嘴式）的灭火器，使用时先拔去保险销，在距燃烧物5米左右，一手持喷筒把手，一手紧压压把，二氧化碳即自行喷出，不用时将手放松即可关闭。

在室外使用二氧化碳灭火器时，应选择在上风方向喷射；在室内窄小空间使用时，灭火后操作者应迅速离开，以防窒息。

图 2.7　二氧化碳灭火器及使用方法

● 手提式1211灭火器的使用方法：

使用“1211”灭火器时，首先撕下铅封、拔掉保险销，然后在距火源1.5～3米处，将喷嘴对准火焰的根部，用力按下压把，压杆就将密封开启，“1211”灭火剂就在氮气压力作用下喷出，松开压把，喷射中止。如遇零星小火，可采取点射方法灭火。

● 手提式干粉灭火器的使用方法：

使用手提式干粉灭火器时，应撕去头上铅封，拔去保险销，一只手握住胶管，将喷嘴对准火焰的根部，另一只手按下压把或提起拉环，干粉即可喷出灭火。喷粉要由近而远，向前平推，左右横扫，不使火焰窜回。

● 泡沫灭火器：要将灭火器平稳地提到火场，注意筒身不宜过度倾斜，以免两种药液混合。然后用手指压紧喷嘴口，颠倒筒身，上下摇晃几次，向火源喷射，如是油火，使用手提式化学泡沫灭火器时，应向容器内壁喷射，让泡沫覆盖油面使火熄灭。

2. 谨防窒息

火灾现场会散发出大量的烟雾和有毒气体，它们的蔓延速度是人奔跑速度的4～8倍。当烟雾呛人时，当事人要用湿毛巾、浸湿的衣服等捂住口、鼻并屏住呼吸，不要大声呼叫，以防止中毒。

3. 从紧急通道逃生

如果房门不热，可打开房门，沿着紧急通道迅速撤离，通道中如有烟火，要猫着身子跑，必要时要尽量使身体贴近地面，靠墙边爬行逃离火场。

图2.8　弯腰爬行，逃离火场

4. 寻找逃生路径

如发现房门已很热，从房门出去逃生已不可能，必须寻找新的逃生途径，主要可考虑如下途径：

● 利用自然条件和建筑结构特点逃生。如利用水管道下滑至地面，或翻越至下、左、右隔壁寝室；

● 自制救生绳。用毛巾、被单、窗帘等连结成绳索，并用水打湿，拴牢在固定物上，通过窗户、阳台沿绳索滑下逃生；

● 善用通道，莫入电梯，要向安全出口方向逃生；紧急通道一般都有明显的荧光标示，平时要多注

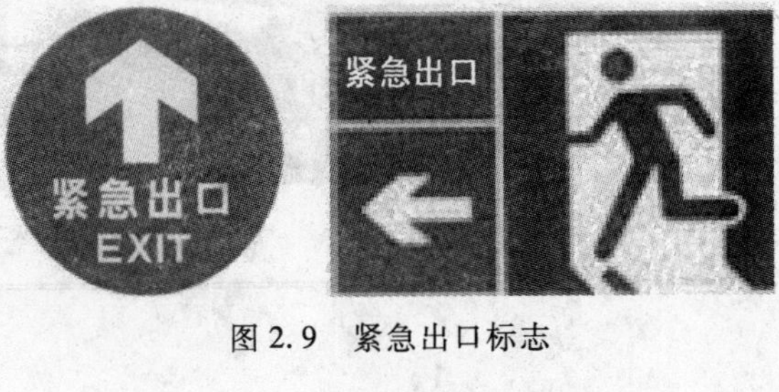


图2.9　紧急出口标志

意加以熟悉，逃生时一定要注意看清楚；

• 发出信号，寻求救援。利用阳台或窗台翻至室外，避开烟火的熏烤，等待救援。若所有逃生线路被大火封锁，要立即退回室内，用打手电筒、挥舞鲜艳衣物、呼叫、扔枕头等方式向外发送求救信号，引起救援人员的注意；

• 熟悉环境，暗记出口。无论是校园，还是到酒店、商场，务必留心疏散通道、安全出口及楼梯方位等，当大火燃起、浓烟密布时，便可以摸清道路，尽快逃离现场。

警示录

2003 年 12 月 23 日，东北大学第四宿舍突燃大火，在媒体报道中，最引人注目的情节就是，近两千名女生在这次火灾中机智逃生，与消防队员密切配合，最终所有被困学生不仅逃出了火场，而且毫发无伤。

王冬住在事发楼 525 房间，“当时我们屋有个人去上厕所，发现走廊里全是烟。她跑回来把我们都叫起来，我们先用棉被堵门，又用手巾沾上了水堵。接着又打开了阳台的窗户，这都是按照学校的消防培训做的。”屋内的人保持冷静，用湿润的手巾捂上口鼻，尽管当时烟雾浓得只能看清半尺内的物体，但依照熟悉的地形，顺着模糊的安全指示灯，她们很快找到了楼梯。

火灾事故，给人民生命财产造成了重大损失。但是像案例一样，火灾发生时，如果被大火围困，首先要沉着冷静，迅速选择正确的逃生和自救、互救方式及时撤离火场，以保全生命。千万不要盲目地跟随人流相互拥挤、乱冲乱窜。平时要熟悉寝室及所去场所的结构布局，遇到火灾时就可以迅速根据当时的情况选择最佳逃生路线，从而就可以把损失降到最低。

5. 抓紧时机，迅速撤离

一旦火灾发生时，同学们要抓住有利时机，就近、就便利用一切可利用的工具、物品，想方设法撤离危险区，切不可因抢救个人物品或因害羞要穿戴整齐而贻误最佳时机。要朝明亮处或外面空旷地方跑，尽量往楼层下面跑。若通道已被火封阻，则应从背向烟火的方向离开，通过阳台、气窗等通道逃生。

6. 正确选择临时避险场所

如火势太凶猛来不及逃生，被困于楼房中，应尽量选择临街、有阳台、接近楼梯的房间，以便进一步创造逃生机会或等待救援。躲避在有门的卫生间里也是较好的选择，可用毛巾等塞住门缝，用水泼在门上降温，浴缸里放满水，情况紧急时，人也可以躲在浴缸水中。切不可躲在床底、桌底、衣柜中。

7. 烧伤应急处理

发生火灾时，身上的衣物难免会烧着，我们如果遇到这种情况，不要惊慌，尽力保持镇静，同时立即脱掉着火的衣服，或立即用水浇灭火焰；或迅速卧倒，就地滚压灭火；或跳入水池、河沟内灭火；或用棉被、大衣等覆盖灭火等。切忌带火奔跑、呼喊，以免呼吸道烧伤或火借风势，越烧越旺。

千万不可惊慌失措奔跑或用手拍打，因为拍打会形成风势，加速氧气的补充，促旺火势。

一旦烧伤，在脱离险境后，最简单而有效的急救处理是冷疗，即用凉水冲洗或将烧伤处放入凉水中10~20分钟，可使烧伤程度减轻并减少疼痛。若烧伤部位出现水泡，可在低位刺破，使其引流排空，切忌把皮剪掉，造成感染。可用无菌的或洁净的三角巾、纱布、床单等布类包扎创面，以免继续受到污染。创面不可私自涂以任何药物和其他如酱油、大酱、牙膏、外用药膏、红药水、紫药水等物，应尽快到医院处理。

火险猛于虎，火灾留给我们的教训是深刻的。在我们的日常生活中，要多学点火灾逃生自救知识，掌握安全避险常识，在危难时刻我们才能更好的保全生命安全。

想一想

怎样从火灾险境中逃生？

**如何防范校园火灾**

校园内要预防火灾，必须做到以下十不要：

一不要乱接电源私拉电线；

二不要卧床吸烟和乱扔烟头；

三不要在床上点蜡烛看书，室内照明要做到人走灯熄；

四不要焚烧书信杂物；

五不要存放易燃易爆物品；

六不要使用电炉、热得快等大功率电热器具；

七不要使用煤油炉、酒精炉等明火器具；

八不要擅自变动电源设备、离开宿舍不关电源；

九不要燃放烟花爆竹；

十不要损坏灭火器和消防设施。

我的感悟：

____________________

____________________

____________________

____________________

# 主题3

## 拒绝烟酒的诱惑

目前，学生吸烟喝酒并不少见。据调查，我国青少年学生初次吸烟的年龄比20世纪六七十年代早了2~3年，年龄大的不过十六七岁，年龄小的才十一二岁。在被调查的学生中，有32.5%的男生和13%的女生尝试过吸烟；有超过20%的中小学生喝过酒，其中女生喝酒率也有10%左右。学生三五成群地在大街上公开吸烟、到酒店过生日、开PARTY聚众喝酒的现象逐渐增多。多种数据表明，青少年学生的吸烟、饮酒率大幅度上升。

### 烟酒的危害

吸烟饮酒，对青少年的生理、心理健康危害很大，而且因酒后滋事的青年犯罪率也在不断上升。

1. 吸烟的危害

对于吸烟之害，世界卫生组织的判断是：猛于非典和海啸。

● 吸烟是对生命的危害：

吸烟容易导致肺炎、支气管炎、哮喘、骨质疏松、癌症、心血管疾病等。青少年吸烟的危害比成年人要大。因为青少年正处在身体迅速成长发育的阶段，身体的各器官系统还没有发育成熟，比较稚嫩和敏感，抵抗力不强，而且对各种有毒物质的吸收比成年人要容易，所以中毒更深。青少年吸烟还可能导致早衰、早亡以及影响下一代的发育，吸烟会引起少女的月经紊乱和痛经等。

**警示录**

英国一个长期吸烟的40岁的健康男子，因从事一项十分重要的工作，一夜吸了14支雪茄和40支香烟，早晨感到难受，经医生抢救无效死去。

有一次，一个法国俱乐部举行吸烟比赛，一位优胜者在吸了60支卷烟后，未来得及领奖即死去，其他参加比赛者都因生命垂危，被送到医院抢救。

吸烟的害处很多，它不但吞噬吸烟者的健康和生命，还会污染空气，危害别人。自觉养成不吸烟的个人卫生习惯，不仅有益于健康，而且也是一种高尚公共卫生道德的体现。吸烟害己害人，我们都应该自觉养成不吸烟的良好卫生习惯。

专家指引

一支香烟中的尼古丁，可以毒死 1 只小白鼠；25 克烟中的尼古丁可以毒死一头牛；40 ~ 60 毫克纯尼古丁可以毒死一个人。一支香烟中尼古丁含量随烟叶质量和加工工艺而不尽相同，一般每支含 1.5 ~ 3 毫克。吸烟时，约 25% 的尼古丁被燃烧破坏，5% 残留烟头内，50% 扩散到空间，真正被人体吸收的尼古丁只有 20%，所以有的人一天吸一盒香烟也未出现中毒现象。但尼古丁对人体许多器官的刺激损害作用却与日增加。

- 吸烟对心理功能有害无益：

长期吸烟会导致注意力和稳定性有一定程度的下降，同时还会降低人的智力水平、学习效率和工作效率。青少年吸烟成瘾，可能引起思维过程的严重退化和智力功能的损伤，严重的会导致思维中断和记忆障碍。吸烟对青少年的智力、个性、心理品质、学业等都很有害。

- 青少年吸烟还会助长其追求享乐的生活态度，增加父母的经济负担，会促成不良交往，诱发不良行为，甚至引发犯罪。为了弄到买烟的钱，不惜偷窃、敲诈勒索、抢劫。

中国是世界上最大的烟草生产国、消费国和受害国。来自卫生部的数据显示，中国有 3.5 亿烟民，约占全球吸烟总人数的 1/3；每年死于烟草相关疾病的人数超过 100 万。《烟草流行报告》指出，目前年龄在 30 岁以下的中国男性中，将有 1 亿人死于烟草使用。

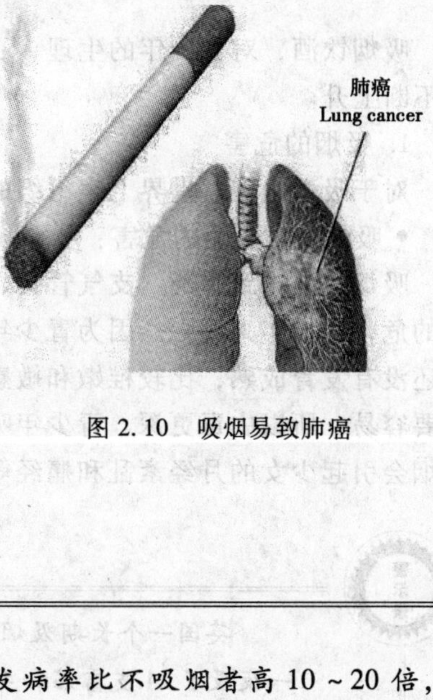


图 2.10　吸烟易致肺癌

专家指引

有资料表明，长期吸烟者的肺癌发病率比不吸烟者高 10 ~ 20 倍，喉癌发病率高 6 ~ 10 倍，冠心病发病率高 2 ~ 3 倍。循环系统发病率高 3 倍，气管炎发病率高 2 ~ 8 倍。

想一想　你有过吸烟经历吗？你怎样认识吸烟行为？

2. 酗酒的危害

青少年学生酗酒不但直接损害健康，而且也构成了校园的不安定因素。其主要危害有：

• 危害身体健康

过量饮酒可造成酒精中毒，导致大脑的功能性和器质性变化以及急慢性胃炎、组织坏死、肝脏损害等。重度酒精中毒会出现昏厥休克、呼吸困难、瞳孔放大，甚至双目失明、肝功能衰竭等，更甚者将导致死亡。

• 行为失控

因酒精麻痹而引起的言语无度、极度兴奋、行为失控等现象，易引发暴力事件，对个人健康、学校和社会治安都有害。

• 危害心理健康

长期过量的饮酒可使人口齿不清、视线模糊、失去平衡力、感觉迟钝、注意力涣散、判断力减弱、记忆力下降及思维混乱，甚至出现妄想、幻觉，诱发人格改变和反常行为。

警示录

2005 年 7 月，某报记者在济南三所中学随机采访了 25 名男生。采访中，许多中学生认为喝酒是一种时尚，为了显得和别人一样，他们于是也开始学着喝酒抽烟。另外，还有不少学生认为，像不少电影、电视剧中表现的那样，喝酒能够体现男子汉气魄、很酷、很时髦。他们表示自己都曾背着老师和家长，在同学聚会等场合喝过酒，其中最早的刚上初中就开始接触烟酒。

逢年过节、走亲访友、同学聚会常难免要喝酒，大中专学生偶尔少量饮酒并不为过，但个别同学却养成了斗酒、酗酒的不良嗜好，对生命健康构成极大的危害。所以，喝酒要有度，能不喝最好不要喝。

想一想 喝酒与酗酒有什么不同？我们怎样才能做到不酗酒？

国家教育部《关于禁止高等学校学生酗酒的通知》相关规定：

• 禁止高等学校学生酗酒。对酗酒者和酒后肇事者，要视情节轻重给予批评教育或纪律处分；对触犯法律的，要由公安、司法部门依法处置。

• 高等学校校园内的食堂、餐馆、饮食摊点，一律不得出售啤酒以外的各种酒。如有违反，要给予经济和行政处罚。

• 节假日和学生毕业、结业时的聚餐活动，一律不得饮用啤酒以外的各种酒，在饮用啤酒和其他饮料时也要适度。

《中华人民共和国刑法》第 18 条第 4 款规定：“醉酒的人犯罪，应当负刑事责任。”

对已成年的大学生尚且如此，何况我们这些还未成年的青少年学生呢？

**拒绝烟酒的诱惑**

青少年学生吸烟喝酒，呈现出人数上升、向低龄化发展和女生参与人数增多的趋势。他们受社会风气的耳濡目染，受不良的模仿成人心理、好奇心理、消愁心理和交往心理的影响，一些青少年学生沉溺于烟酒之中。要让我们远离一氧化碳、尼古丁和酒精的伤害，我们学生应注意：

图 2.11 禁烟禁酒

• 充分认识烟酒对青少年的生理、心理健康的极大危害；

• 抵制不良影响，不断提高自己的修养水平和自控能力，自觉拒绝烟酒的诱惑；不要刻意养成饮酒的习惯，认清过度饮酒的危害；

• 在烟酒面前不要顾及所谓的男子汉形象和面子，也不要为了显示自己的“帅”、“酷”而染指烟酒，时时注意检查自己的形象；

• 正确对待压力，不要人生不如意就借烟酒来消愁，学会正确的自我调节方法；

• 我们学生应该认识到自身的价值和责任，努力追求上进，把精力投入到更有利于身心健康的活动中去。

从 1999 年 11 月 1 日开始实施的《预防未成年人犯罪法》第 15 条规定："任何经营场所不得向未成年人出售烟酒。"商务部颁布的《酒类商品零售经营管理规范》中规定：从 2005 年 7 月 1 日开始，全国酒类经营者不准向未成年人出售酒类商品。

**我的感悟：**

____________________

____________________

____________________

____________________

# 主题 4

## 和谐校园，拒绝校园暴力

近年来校园内的暴力事件不时见诸报端，使得一向宁静的校园也蒙上了暴力的阴影。

### 校园暴力的危害

校园暴力不仅直接给校园师生的人身和财产带来伤害，有的甚至是引发死亡，而且校园暴力的频繁发生会严重影响学校的正常教学秩序，破坏了校园的育人环境。

校园暴力还会影响学生的身心发育，会使受害学生在精神上会造成一种压抑感或者复仇心理，在人格、性格上遭受巨大凌辱，容易在心灵上留下深深的阴影，甚至引起灵魂扭曲，对其健康成长十分不利。

此外，校园暴力可能是青少年犯罪的前奏、序曲，其发展和顺延是以后走向社会违法犯罪的重要因素之一，如不及时加以教育挽救，将对社会构成极大的威胁。

图 2.12　校园暴力严重影响身心健康

警示录

2001 年 3 月 13 日，某农业学校两名男生为了争夺女友竟然大打出手，一人被打伤致残成植物人。该市中级人民法院判处犯罪嫌疑人秦峰（化名）有期徒刑 12 年，赔偿 83356 元。

2004 年 4 月的一天上午，女生张某和刘某在教室里因琐事发生争吵，张某掏出小刀将刘某的腹部扎伤，被房山县法院以故意伤害罪判处有期徒刑两年，缓刑三年。

2005 年 9 月 16 日晚，北京昌平区某中职学校影视教学部几十名学生群殴，以铁棒、木棒、刀子为凶器，造成 1 人死亡，12 名学生被刑拘。

同学之间，为了一些琐碎的事情就大打出手，流血冲突，不仅害己也害人。同学们是否想过还可以有很多其他正当的办法来解决同学间的问题呢！

暴力实施者，轻者违反校规校纪，被追究民事责任，重者违反刑法，构成犯罪。《中华人民共和国刑法》第 17 条规定：已满 16 周岁的人犯罪，应当负刑事责任。

### 学生如何预防校园暴力

预防校园暴力主要还是要求学生不断提高自身素质，增强修养，提高控制和辨别是非能力，遵纪守法，才能根本预防。

1. 预防暴力

- 避免挑衅性、刺激性的言行。往往就一句话或一个动作刺激，就会引发打架斗殴；
- 控制情绪。学生碰到矛盾时不能凭一时冲动，要保持头脑冷静；
- 注意忍让。在发生争吵时要相互忍让，不要因小事针锋相对，以牙还牙；要三思后行，学会克制；

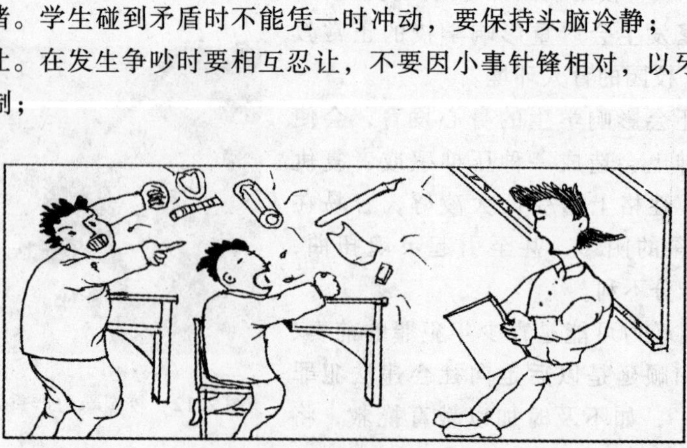

图 2.13　如此暴力

**想一想**　看漫画，想一想小小年纪为何如此暴力？

• 讲友谊，反对江湖义气。打架时往往是本班帮本班，本校帮本校，其主要原因就是江湖义气，小团体主义作祟；

• 内强素质，外塑形象。努力提高自己的素质，树立正确的人生观、价值观，克服拜金主义、享乐主义等不良社会风气的影响。自觉抵制社会不良诱惑，不迷恋网络，主动拒绝社会低俗、暴力文化，不与社会小混混交往，尤其不与青少年暴力团伙往来，自觉追求健康向上的思想生活；

• 正确面对困难与压力，乐观对待，不断地学习知识技能，建立自信；遇心理困惑不能自我解决时，应及时寻求同学或老师的帮助；

• 自我约束，遵章守纪，学习法律知识和校纪校规。要有意识地养成良好的行为习惯，如不迟到、不早退、不旷课、乐于助人、团结同学、讲文明、讲礼貌等；

• 严于律己，宽以待人，加强道德修养，珍爱生命，热爱生活。

**专家指引**

暴力往往是在个人情绪极端不稳定的情形下发生的，发脾气就是导致暴力的前奏。乱发脾气最根本的原因是个人修养不够，缺乏自我克制能力；发脾气不仅不能解决问题，多半还会导致相反结果。当感到自己要发脾气时，可反复默念“不要发火”，也可迅速离开现场，去做别的事情，进行有效克制。同时，应学会换位思考，体会他人感受。平时可多听节奏缓慢、旋律轻柔、音调优雅的音乐，使情绪安定。

总之，为防止校园学生暴力行为的发生，学校、家庭和社会始终要保持对学生健康成才的高度责任心，学生自己也要自我发展完善，多方努力，共同促使校园成为一个和谐、安宁、健康、文明的大家庭。

2. 校园暴力事件的应急处理

一旦发生校园暴力事件，我们学生要量力而行，作出恰当的应急措施：

• 制止暴力，救助伤员：

寻找支援，制止暴力。向同学、老师寻求援助，必要时还可以报警。情节轻微的向老师、学校报案即可，但情节严重的要及时拨打“110”或当地派出所电话报警求助；

有受伤情况要进行伤员处理，以最快速度把伤员送往就近医院抢救，并通知家属。

• 场面控制，及时疏散：

劝阻双方保持冷静，要求双方分开；

疏散学生，不要围观，远离事发区；

如果是犯罪事件，如发生劫持人质事件，应随机应变与罪犯周旋，尽力规劝其终止犯罪行为，尽量拖延时间，争取等到学校保卫人员或警察的援助；

保护现场，配合学校、警方调查。

**我的感悟：**

______________________________

______________________________

______________________________

______________________________

# 主题5

## 你的财物安全吗

盗窃是较为多发的刑事案件，而犯罪分子之所以能屡屡得手的原因之一是受害人自我保护和防范意识薄弱，给犯罪分子留下了可乘之机。因此，加强自我保护和防范意识，提高自身安全防范能力，不给犯罪分子可乘之机，是保护自身安全最好的途径。

想一想　你想过吗？盗窃分子为什么喜欢在校园内作案？

### 校园易发盗窃案件的场所和时间

校园环境的特点是空间有限、作息时间比较有规律，这对盗贼来说是个好消息。教室、学生宿舍区、校园公共活动场所、家属宿舍区等，都在一个狭小的区域内，便于盗窃分子熟悉学校环境，明确具体的地点。校园作息时间的规律性容易让盗贼把握作案的时机。

1. 作案场所

一般而言，校园容易发生盗窃的场所主要有：

• 学生宿舍。

学生宿舍是住校学生的“家”，学生的主要财产、贵重物品基本上也都是放在宿舍，而且学生宿舍都是自己比较熟悉的同学在一起生活，防盗意识非常低，这给盗窃分子作案提供了绝好机会。

图 2.14 提高防范意识

• 教室。

在上体育课或实验课时，很多同学喜欢把随身携带的财物放在教室的课桌抽屉里，但走的时候没有上锁或锁好门窗，给盗贼有机可乘。

• 食堂。

校园食堂排队就餐的人多，比较拥挤，方便盗贼把黑手伸进我们的口袋。在食堂吃饭时，过于专注享受美餐，全然忘了旁边的财物，给盗贼作案提供了机会。所以，在食堂就餐也要提高警惕。

• 球场。

我们学生喜欢打球等体育运动。而在运动时，很多同学经常把自己带的钥匙、手机、钱包、电子产品等物品放在球场旁边。当大家很投入运动时，球场旁边的物品可能就被顺手牵羊了。

• 大型活动场所。

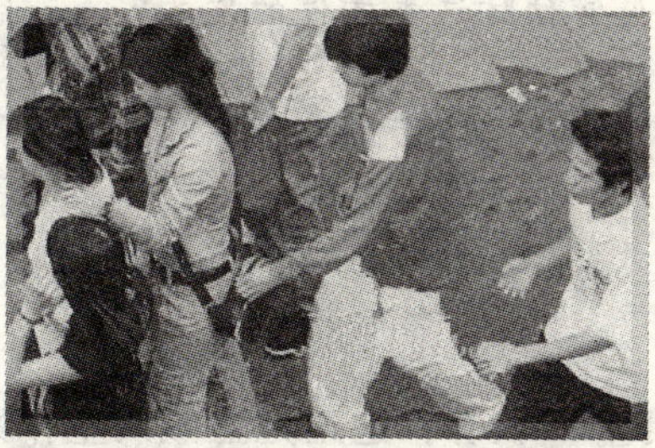

图 2.15 疏忽大意给盗贼可乘之机

校园文体氛围浓郁，各种各样的文体活动比较多，在大型文体活动现场，观看各种比赛和节目的人比较拥挤，当同学们专注于观看、喝彩、欢笑时，如果不提高警惕，我们的财物可能就会有去无回了。

• 图书馆。

图书馆也不是一个世外桃源，当学生把背包等财物放在存物架后，盗贼会乘管理人员及学生不注意时，迅速将学生放在存物架上的物品卷走。有的盗贼更嚣张，直接大摇大摆地“拿”，即使被发现，他们也会装做不好意思地说“拿错了”。一些学生将财物带进公共阅览室，随手放于桌面上，盗贼会趁物主上厕所或离座更换书刊之机，迅速将学生的财物掠走。

2. 作案时间

一般来说，作案分子主要选择以下时间进行作案。

• 新生入学期间。

开学时，学生带的现金比较多，宿舍间互相串门的人也多，且新生对环境各方面比较陌生，作案分子往往就利用这个机会疯狂作案。

• 夏秋季节。

由于天气炎热，不少学生在午休、晚上就寝时，不仅开了窗户，宿舍门也洞开，就在打开“纳凉之门”时，其实也开了“纳贼之门”。

警示录

2006 年夏天一个闷热的深夜，某职校男生宿舍5号楼301房的门敞开着。大约在凌晨3点半，一个黑影悄悄窜进了301房，先是在书桌上乱摸，似乎摸到了什么东西，就往口袋里揣。这时，睡在中间下铺的小李正在听MP3，他看到一个黑影正在宿舍里移动，他屏住呼吸，仔细地观察，看见这个黑影正把小张桌上的东西往身上揣，小李一惊，心想：是小偷！……不，这小偷敢到宿舍里来偷东西，一定带了刀什么的，现在去抓他，弄不好是很危险的。不能叫！于是，小李又假装睡觉，一动也不敢动，大约过了五分钟，那个黑影溜走了。第二天，301房的同学发现物品被盗，立即报告学校保卫部门。后来经同学清点，发现小张的便携式DVD机，一支镀金钢笔被盗，衣服口袋里有一个钱包被盗，内有现金、学生证、身份证等物品；小杨放在抽屉里的钱包也被盗，内有现金、饭卡、银行卡等物品，而小李也被盗去200元，被盗物品总价值1600多元。

想一想

如果是你，这时会怎么处理？该如何预防这类案件的发生？

• 上课、晚自习、用餐等时间。

这些时间我们多数学生都不在宿舍，几乎是“真空”状态，这正是盗贼入室作案的时机。再者是晚上休息时间，当同学们都熟睡的时候，就是盗贼出动的时候。

• 校内举行各种大型活动或重大节假日时。

在校内举行各种大型活动时，外来人员增多，人员流动较大，学生大都去参加活动，这也使宿舍、教室盗窃作案的可能性增加。重大节假日，学生间往来多，这时作案分子往往利用串门假装找人的幌子进行作案或深夜潜入宿舍行窃。

• 放寒暑假前。

这段时间学生都忙于复习、准备考试，防盗意识不强，尤其是夏季很多宿舍的门都没有关好，容易趁虚而入。

**校园防盗术**

近年来，随着社会经济的发展，人民生活水平的提高，发生在校园里的盗窃案件也不断增多，而学生防范意识薄弱成为校园失窃案的主要原因。妥善保管自己的财物，不给盗窃者机会，是防范盗窃的有效办法。

在校园内，有的学生将贵重物品放在教室一夜不管，有的学生将装有现金、手机等物品的包放在餐厅占位；有的学生在操场将衣物乱放；有的学生将不明身份的推销人员迎进宿舍，这都给盗贼创造了机会。那么我们应注意哪些方面的问题，来防止盗窃事件的发生呢？

1. 要树立防盗意识，克服麻痹思想

不要以为校园内是太平世界，是保险箱。窃贼的眼光常常盯着校园，特别是盯着缺乏经验的学生。校园里时常有窃贼出入，极个别学生也有盗窃行为。因此，在防止盗窃时，既要防外贼，也要防内贼。

2. 妥善保管好现金、存折、银行卡等

现金最好的保管办法是存入银行，尤其是数额较大的现金要及时存入银行，密码应选择容易记忆且又不易解密的数字，千万不要选用自己的出生日期做密码。这样，即使存折或现金卡被盗，盗贼也不容易取走钱。保管好密码，最好记在心中。密码不要告诉其他人，哪怕是最好的同学和朋友。当发现存折、银行卡丢失时，要及时到银行挂失。

图 2.16　注意背后的贼眼

警示录

某职校的小鹃和舍友在熄灯后躺在床上侃大山，说着就说到了如何设密码的话题，各人都谈了自己的诀窍。说者无心，但听者有意，舍友小红将小鹃的密码记在心里。此后几个月，小红数次从小鹃的抽屉里偷拿银行卡取现 3000 多元，然后把卡放归原处。直到一天，小鹃发现卡里莫名少了 3000 多元，这才向警方报案，小红迫于压力投案自首。

专家指引

存折及银行卡要同身份证分开存放，防止被同时盗走；在 ATM 机上取款后，记得拿走银行卡，同时交易单据不要随手乱扔；新开银行卡要及时修改原始密码；取款时注意保密，防止被偷窃。

3. 保管好自己的贵重物品

贵重物品不用时，不要随便放在桌子上、床上，要放在抽屉、柜子里，并且锁好。寒暑假离校时应将贵重物品带走，或托给可靠的人保管，不要放在宿舍里，防止撬锁盗窃。贵重物品、衣物最好做上一些特殊记号，一旦被盗，报案时好说明，认领时也有依据。

警示录

2006年7月5日中午，一自称某电视媒体综艺部的女子在某职校女生宿舍楼前溜达，当看到正路过此地的学生谢某时，便上前搭讪。她称，电视台正在拍一部反映中职生情感生活的电视剧，需要找一个17岁左右的女演员，而谢某正符合这一角色的形象要求，并表示要当场为其照相，让谢某回宿舍按要求化妆。谢某一听兴高采烈，带着该女子回宿舍并开始梳洗化妆、准备拍照。当她从盥洗室返回时，发现放在宿舍桌子上的一台惠普笔记本电脑不见了踪影。原来该女子是窃贼。

校园、宿舍都不是保险箱，贵重物品应放入上锁的抽屉或柜内；此外，不要让陌生人单独呆在宿舍里，不给犯罪嫌疑人员留下可乘之机，以免上当受骗，财物遭窃。

4. 养成随手关窗锁门的好习惯。

上课、参加集体活动、出操、锻炼身体等外出离开宿舍时，要关好窗、锁好门。钱财被取走、电脑被拿走，这些都不是偶然的，如果不防范，将来也还会发生。其实作案分子的手法科技含量并不高，他们能得手主要还是因为我们防范意识不够。所以我们得时刻警惕，防范和打击盗窃。这不仅是公安机关和学校保卫部门的重要任务，也是我们每个在校学生应尽的责任和义务。

不要留宿外来人员；禁止推销人员进入宿舍；保管好钥匙，不要随便借给他人或乱丢乱放，钥匙丢失，最好换锁。

## 发生盗窃案件常用的应对措施

一旦发生失窃案件，可采取以下应对措施进行处理：

• 发现盗贼作案，要勇于斗争。在校园内发现小偷不要慌张，可联合同学齐心协力，力求人赃俱获。如果小偷用暴力威胁，可大声呼叫“抓小偷”寻求更多的支援；

• 当场无法抓获盗贼时，应记住盗贼的特征，包括性别、身高、年龄、胖瘦、相貌、衣着、口音、动作习惯、佩戴首饰、纹身等，以便为破案提供线索；

• 原封不动地封锁盗窃现场，不准他人进入。不要翻动、查看现场物品，更不要收拾、清理现场物品，第一现场对公安人员或校保卫人员勘察及侦破工作有十分重要的意义；

• 案件当事人及知情人员应配合公安保卫部门的侦察和调查询问工作。发现线索，积极主动地向学校保卫部门汇报。

• 发现存折、银行卡、校园卡被盗，应立即挂失。

我的感悟：

______________________________________________

______________________________________________

______________________________________________

# 主题6

## 拥挤、踩踏事件的避险及自救

《论语》说："君子不患贫，而患不安"。居安思危是中华民族的传统，校园作为青少年成长和接受教育的集体场所，人群密度很高，往往一个几十平方米的教室里就聚集着几十个学生，这种人群密度是远高于一般公共场合的，在上下楼梯的高峰期引发踩踏事故可以说是校园中最容易发生的意外，拥挤、踩踏事故严重威胁着学生的生命安全。

警示录

2005年10月25日晚上8点，四川省巴中市通江中学晚自习下课铃响过后，学生蜂拥而出，楼梯上都是人。突然有一男生大喊"见到鬼了！"，楼梯上向下走的人群突然乱了，有学生被挤倒了，接连绊倒了不断往下拥挤的学生，造成了严重的拥挤踩踏事故，8名学生死亡，17名学生受伤。

2006年11月，江西省都昌县土塘中学发生一起学生拥挤踩踏事件。当晚8时30分许，该校初一年级学生在上完晚自习下楼时，因拥挤踩踏造成人员伤亡，有6名学生在送往当地医院抢救途中死亡，多人因受伤及惊吓被送往都昌县医院、县中医院治疗观察。事发时，带班老师正集中在办公室批改期中考试试卷。

2006年12月，河南省许昌县椹涧乡一中学发生一起初中生晚自习下课后因拥挤跌倒，继而相互踩踏导致5名学生死亡，数十名学生不同程度受伤的重大恶性事故。

一个个如花的生命消逝在拥挤人群的脚下，给我们的家庭和社会带来了无比的伤痛。青少年学生的安全涉及亿万家庭的幸福，为全社会所关注。学生伤害离我们有多远？其实，安全隐患时刻在我们身边。我们仔细想一想，踩踏事故的发生实际由再平常不过的走路引起来的，是个体行为所至。这就说明，我们每一个人必须要有文明的素质和修养，同时要具备一定的自我保护和防护常识。那么，我们应当怎样做呢？

**发生踩踏事件的原因**

踩踏事故大概是所有安全事故中最令人痛心的一种，因为事故中通常没有不可抗力出现，事故的起因也往往比较细微，但它的后果却往往相当严重，更令人难以承受的是，以上所列举的踩踏事故中，受害者都是花季少年。不难想象，每一起这样的事故给多少家庭带来了泪水与悲伤。

究其踩踏事件的原因，无非有以下几个：

- 学校管理有漏洞。

踩踏事件多发生在下晚自习或集会、就餐之时，学生较为集中，且心情急迫，学校如果管理到位，如果楼道有明亮的灯光，如果安排老师组织学生有秩序地下楼，踩踏事件基本上可以杜绝；

- 集体恐慌的心理导致。

我们知道，不少的踩踏都与集体恐慌的心理背景有关。“鬼来了”或其他的恐怖叫声所导致的恐慌在人群中会引发连锁反应，明知前面有人跌倒，后面的学生仍然“前仆后继”，学生不易控制自己情绪，遇事慌乱，失去理智，使场面失控，最后导致惨重的伤亡；

- 安全教育力度不够。

从目前的情况看，我国的中小学普遍没有专门的安全教育课程，一般只是在学期结束时对学生进行交通安全教育，至于如何应对火灾、暴力、高楼遇险、拥挤踩踏等突发事件，都缺乏相应的、必要的心理教育与技能培养。对于我们这些完全缺乏心理干预的学生来说，任何风吹草动都可能导致非理性群体事件的发生。要想根除埋藏在学生中间的、无形的“恐慌炸弹”，就必须加强中小学生的安全教育和心理素质培养，强化他们的团队精神和心理健康，培养他们的紧急避险和自我救护能力。倘若我们能未雨绸缪，能够冷静对待突发状况，踩踏事故是极有可能避免的。

**警示录**

2008年5月12日下午2时28分四川省汶川县发生了8.0级地震后，在紫桥小学校园内出现了一幅紧张有序的场景：教室里课桌在晃动，日光灯管在摇摆，孩子们的脸上布满了惊恐……此时在武陵区紫桥小学的教学楼内，一队队的学生在班主任老师的带领下快速地跑下楼梯奔向操场。楼道内副校长李玉光在指导学生有秩序地紧急疏散，防止踩踏事件的发生。青年教师金捷不惧危险，从四楼开始逐个教室查找剩余学生，确保全体学生安全转移。5分钟后全校1080名学生已安全转移到学校操场中央。当第一批家长赶到学校时，学生们已平安到达安全地带，无一人受伤。家长们满含热泪地发出由衷的赞叹：感谢学校，感谢老师，学校组织得真好！

这次成功的疏散，是与学校平时注重对学生进行安全教育分不开的。因此，学校在日常管理中应当组织、指导、教育学生在进行紧急疏散时预防踩踏事件的发生，让学生学会紧急疏散和集合，树立紧急时刻互相帮助的精神。平时这些安全常识的累积均可以成就我们生命的有效保障。

**想一想** 突遇踩踏事件，我们应该如何应对？

### 避险与自救

校园内会否发生踩踏事件，可以说基本上是由我们学生自身的素质和纪律性决定的。试想，在一个秩序井然、文明礼让的校园里，踩踏事件会发生吗？当然，学校的管理和制度建设也是很重要的。因此，我们应遵守校纪校规，配合学校做好预防工作。

1. 预防第一。

• 学校应严格管理，切实加强学生活动安全的防范工作，加强学生的安全意识和自我防范能力的教育力度；

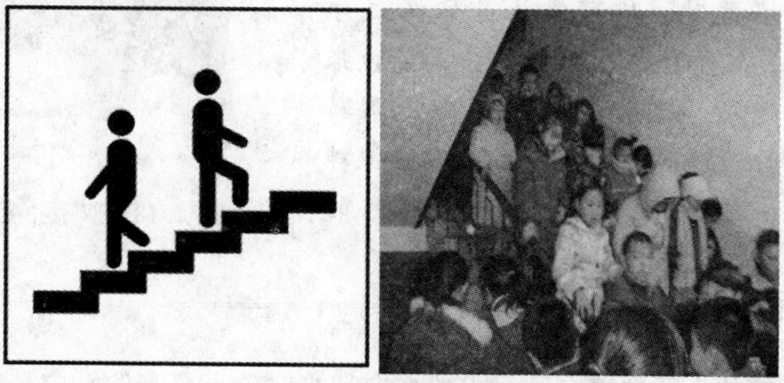

图 2.17　有序上下楼

• 严厉禁止学生在楼道打闹、疯跑、拥挤，强化“楼道交通规则”，悬挂“上下楼靠右行”的提示语；举止文明，不制造紧张或恐慌气氛；放学时，学生上操、集会等活动需上下楼时，值日教师应在楼道负责监督、疏散、指挥学生；

• 在楼道安装路灯或应急灯，保证楼道的正常照明；

• 当下课、放学时，在楼道里千万不能推、挤，上下楼梯不要挤作一团，要礼让慢行，一定要有秩序地下楼；下晚自习在楼道时不乱开玩笑或做恶作剧，以防止同学情绪紧张失控而出意外；

• 在礼堂、剧院等参加活动时，要有意识地看好出口和各种逃生标识。注意，进入场地的通道未必是最安全的。除了出入通道，还应察看是否有其他逃生路径。

2. 如何避险与自救。

● 上课期间一旦发生紧急情况急需撤离教室时，任课老师都应负责组织好本班学生，按疏散标志和图示及时组织疏散等工作，防止事态进一步扩大；能抢救的马上组织人力抢救（如及时切断电源或火源，防止危险趋势的进一步蔓延等），不能让学生走近危险地方，根据情况及时报警；学生要在老师指导下迅速有秩序地离开，不要慌乱奔跑，不要争先恐后；

● 发现拥挤的人群时，要冷静镇定，要有防险意识，避免进入拥挤的人群，千万不要加入和尾随；如果在拥挤的人群中，要时刻保持警惕，当发现有人情绪不对或有骚动现象时，就要做好保护自己的准备，随时准备抓住一些坚固的物体，如楼梯扶手、栏杆之类，待人群过去后，再镇静而迅速地离开现场；

● 若身不由已陷入拥挤人群之中，当时又没有什么能作为支撑点时，就要和大多数人前进方向保持一致，不能逆行，但也不要试图超过别人，以免被推倒在地；

**专家指引**

当自己陷入拥挤的人流时，一定要先站稳，身体不要倾斜失去重心，即使鞋子被踩掉，也不要贸然弯腰提鞋或系鞋带。

若自己被推倒，没有办法站立起来，要设法靠近并面向墙壁，双膝并拢贴于胸前，双手扣颈，双臂护头，以保护身体最脆弱的部位。没有墙壁时，尽可能让身体蜷成球状、双手扣颈，双臂护头，努力张嘴呼吸、保持意识清醒。在人群骚动时，脚下要注意，千万不能被绊倒，避免自己成为拥挤踩踏事件的诱发因素。

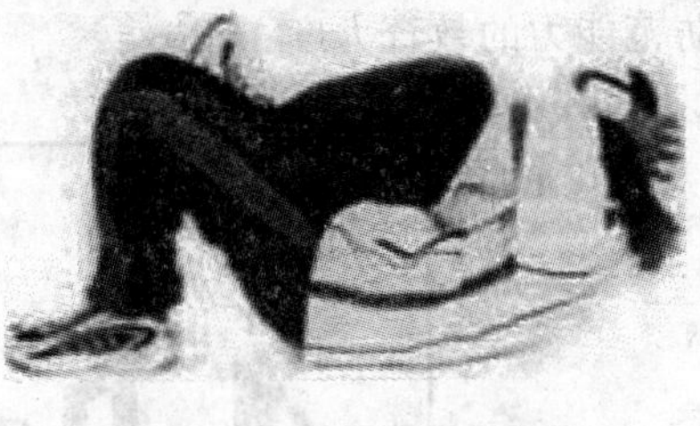

图 2.18　双手扣紧双臂护头

● 当发现拥挤的人群向着自己行走的方向拥来时，不要奔跑，应马上躲避到一旁；

● 不要乱喊乱叫或推挤别人，防止造成混乱。要配合指挥人员指挥，缓解拥挤，避免踩踏事故；

● 为防止窒息，尽力在胸前保持一定的空间。可以双臂交叉，双手握住上手臂平抬在胸前做自我保护的动作，并尽力保持该动作直到人群疏散为止；

● 当发现自己前面有人摔倒，要马上停下脚步，并大声呼救，避免后面的人向前靠；如果自己被挤倒，要大声呼喊寻求周围人员的救助，同时要不顾一切尽快站起来。

每个人的生命都只有一次，面对不测的危险，唯有做好充分的准备，才能获得最大的生存机会。只有把安全管理和安全教育这两个方面都抓起来、都落到实处，踩踏事故才有可能从平静的校园里绝迹。

**我的感悟：**

● 校园里嗜烟的“瘾君子”无视学校纪律规定，经常偷偷摸摸吸个不停，给自己的健康及安全带来很大的隐患，你有什么办法劝服他们戒烟？

● 校园中遇上火灾，哪些地方是较理想的紧急避险场所？火场里，如果自己身上着了火，可周围没有灭火器或水源时，该怎么办？

● 面对拥挤的人群，你该怎样做才能既保护自己，又不伤害别人？

● 如果你是校长，你会对学校安全教育和安全管理方面做哪些工作？如果关于校园安全工作向校长建言，你认为你的学校还有哪些有待改进的地方？

# 模块三

# 意外伤害篇

**指 南 针**

我们生活在和平、幸福的年代，家庭温暖，朋友关爱。但是在人生的长河中，不全是充满鲜花和笑声，意想不到的伤害可能会不期而至。有的事件转瞬即逝，没给人们留下什么印象；有的事件却时常浮现在人们眼前，阴影挥之不去。面对伤害，我们是惊慌失措、束手无策，还是处乱不惊、科学应对？

本模块针对触电、溺水、燃气中毒、电梯遇险、食物中毒、野外迷路、动物咬伤等情况的防范意识教育及自救方法作了一些介绍，目的是让我们的同学和家长了解到相当一部分危险都是可以预防和避免的，能够在我们的生活中时时刻刻渗透“关爱生命、敬畏生命”的意识，让我们远离意外伤害，为我们的健康安全保驾护航。

由国务院妇女儿童工作委员会办公室提供的研究数据显示，中国每年至少有约 1 千万儿童受到各种形式的意外伤害，约占中国儿童总数的 10%，其中 10 万儿童因此死亡，40 万儿童残疾。而青少年中意外伤害也特别严重，就拿深圳为例，深圳市所有中学近 5 年来的伤亡数字为 9854 人，其中 350 人死亡，9504 人受伤。

研究者采用整群抽样对学生和家长进行了问卷调查。结果 87.97% 的学生听说过意外伤害，70.91% 和 75.12% 的学生在玩耍和运动时会想到有可能发生意外伤害，32.86% 的学生认为骑自行车也有必要戴防护帽。不同年级学生比较发现，某些认知和行为随年龄增长反而变差，尤以 15 ~ 18 岁的青少年学生为甚。有 1/3 的家长认为意外伤害是不能预知的，因此是无法预防的。

按照保险业的常见理解，意外伤害是指外来的、突发的、非本意的、非疾病的使身体受到伤害的客观事件。

**心 语**　意外伤害导致了伤残甚至留下永久性疾病或终身丧失某种生活能力，对儿童和青少年身心造成巨大影响，给家庭和社会也造成巨大的负担和经济损失。多数中小学生和家长对某些意外伤害认识不足，需要进行有关知识的普及和相关健康教育。在中学或中职阶段接受预防意外伤害的教育是非常重要的。

各种意外伤害的案例警示我们：作为学生一要守纪律，二要学知识，三要学会保护自己。

# 主题1

## 触电的避险与救护

我们曾在初中学过，电是一种自然现象。电或电荷有两种：一种叫做正电，另一种叫负电。通过实验我们发现带电物体同性相斥、异性相吸。

电的发现和应用极大地节省了人类的体力劳动和脑力劳动，它已经成为人们生产和生活不可或缺的相伴物，带给我们清洁、宁静的能源利用。但任何事物都有两面性，当它给你带来财富与享受时，也许背后就隐含着风险与灾难。

**触电**

电是我们不可缺少的朋友，同学们家里的电灯、电视机、冰箱、洗衣机等，都离不开电，没电的生活不可想象。但电又是一只十分可怕的“老虎”，我们对它必须小心谨慎。否则，当人体直接接触它的时候，就会发生非死即伤的惨剧。

据统计，我国每年因触电死亡人数达数千人之多。其中学生触电身亡的不在少数。

当人体触及带电体，或者带电体与人体之间闪击放电，或者电弧触及人体时，电流通过人体进入大地或其他导体，形成导电回路，这种情况就叫触电。

触电对人的伤害主要是电伤和电击。

电伤是指电流对人体局部的损伤。轻者只见皮肤灼伤，重者可伤及肌肉、骨骼，电流入口处的组织会出现黑色碳化。电击则是指电流对人体整体的损伤。电击伤后，电流通过人体内部，破坏人的心脏、神经系统或肺部的正常功能，甚至破坏内部组织而造成伤害；轻者会出现恶心、心慌、头晕和短暂的意识丧失，恢复后通常不会留下后遗症。重者可致休克、心跳骤停，甚至死亡。

家庭电路引起的触电情况很普遍，家庭电路中有两根电线，一根是火线，一根是零线。家庭电路触电事故，都是人体直接或间接与火线连通造成的。一种是单线触电，即人站在地上，手触到了火线或触到了与火线相连的物体；另一种是双线触电，人的两手分别接触火线、零线而触电。

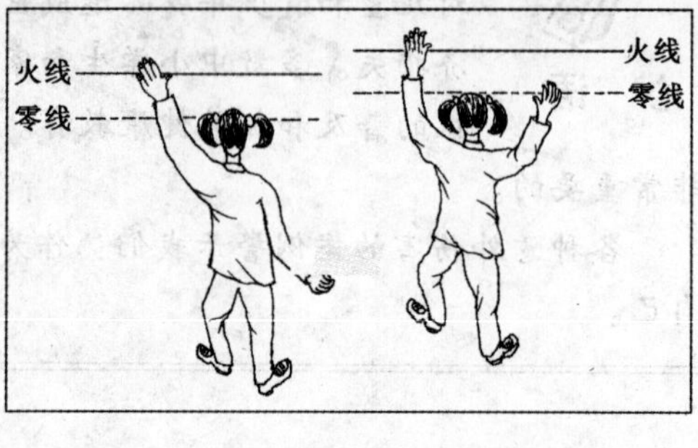

图 3.1 家庭电路触电事故示意图

**想一想** 你知道两孔插座和三孔插座的接线方法吗？

**学生触电危险性产生的原因**

在所有学生人身触电伤亡事故中，既有学生因不懂有关电的知识而违章操作造成的事故；也有由于电气设备制造不良或运行中出现故障使学生触电伤亡的事故；还有电气设备安装不合格对学生带来的触电事故；以及学生由于粗心大意而造成的事故，等等。

● 缺乏电气安全知识。

由于学生的电气安全教育不够，经验不足，以及思想麻痹等，致使用手触摸破损的胶盖刀闸；玩弄带电导线；用手触摸灯头、插座或拉线等而触电。

**警示录**

几年前曾经有一则报道，一对 12 岁的双胞胎兄弟独自被爸爸妈妈留在家里，当哥哥开启电视时，因电视插座漏电，造成哥哥触电。此时，插头就在弟弟的身边，弟弟并没有马上拔掉电源，而是冲了上去拉哥哥，结果一场惨剧发生了……

这对双胞胎兄弟的命运固然让人唏嘘不已，但我们想想，如果当时弟弟懂得马上拔掉电源的话，或许他们现在正坐在教室里听课呢！作为学生的你，如果遇到不慎触电的情况，你该怎么办呢？

● 季节、气候的引发。

在大多数学生触电事故中，以每年二三季度事故较多，六至九月最集中。主要是由于这段时间天气炎热、人体衣单而多汗，皮肤电阻降低，容易导电，触电危险性较大；还由于这段时间多雨、潮湿、电气设备绝缘性能降低等。电扇用电或临时线路增多，城市空调热也增加了人触电的机会，特别是空调安装上的隐患。

● 违反操作规程。

有的学生贪图方便，湿手不擦干就去接触带电设备；摆弄带电设备时不穿绝缘鞋；特别是现在的学生拥有大量的手机、MP3、MP4 等通讯或视听工具，经常在插电板上充电，充完电后便用一只手拔插头等，这都很容易造成触电。

● 电气设备不合格。

电气设备漏电；台灯、洗衣机、电饭煲等家用电器外壳没有接地，漏电后碰壳；电线或电缆因绝缘磨损或腐蚀而损坏。

**警示录**

某同学小唐和妈妈一起买来一台400mm 台扇，到家后即插上电源。当小唐手刚碰到底座上的电源开关时，就发出一声惨叫，人当即倒地，外壳带电的电扇从桌子上摔下，压在小唐胸部。正在隔壁房间午睡的爸爸闻声起来，发现儿子触电，立即拔掉插头，并且打 120 来救人。但由于天气炎热，小唐只穿短裤汗衫，赤脚着地，触电倒地后，外壳带 220V 电压的电扇又压在胸部，所以心脏流过较大电流而当即死亡。

后来仔细检查，电扇和随机带来的导线、插头绝缘良好，接线正确。问题出在插座上。由于插座安装者不按规程办事，误把电源火线接到三眼插座的保护接地插孔，而随机带来的插头是按规定接线的，将电扇的外壳接在插头的保护地桩头上。这样当插头插入插座后，电扇外壳便带 220V 电压，造成触电死亡的事故。

我们可能会说，知道是这样的结果，就不买这个该死的电扇了！但是电扇是可以不买，插座不可能不用。因此，如果是我们“自力更生”安装插座等电气设备，一定要按照规程操作；如果是装修工人安装，也要监督到位。

● 维修不善。

如大风刮断的低压线路未能及时修理；胶盖开关或插座破损长期不修；低压接户线、进户线破损漏电等。

当然，有些学生触电事故是由于学生纪律性差或粗心大意而导致的。

警示录

2003 年 11 月 19 日深夜，福建某中职学校的一名 16 岁新生高某，因为晚上很无聊，但又不能出校，便骑在宿舍外的围墙上，看校园附近的网吧，用同学的话说，“那里有许多小美眉”。但没几分钟，同学们便听见一声惨叫，高某重重地摔在地上。原来，事发时，高某正骑在距离宿舍不到 1 米、高约 2.2 米的围墙上，头顶上的高压电线距离围墙顶端不到 1 米，高某不慎触电后摔到围墙与宿舍间的小巷里，头部着地，生命垂危。许多同学当时都说听到了“放烟花一样的声响”。其中一名同学表示，“如果不是高某触到电线，我还真不知道这里有这么危险。”

触电事故往往发生得很突然，而且在极短的时间内造成极为严重的后果。因此找出事故的原因，恰当地实施相关的安全措施，很多触电事故是可以防止的，这对于我们安排正常的学习生活有着重要的意义。

**避险与救护**

学生触电事故大多数发生在用电设备和带电线路上。在所有的事故中，无法预料和不可抗拒的还是极少数，大量的触电事故还是可以采取切实的措施来预防的。

想一想　我们要防止触电事故的发生，主要应该树立什么思想？

1. 如何避险

触电事故的多数原因是人为造成的。用电中注意以下问题，可以预防触电事故。

• 加强安全教育。

据统计，电击人身伤亡事故的发生率，农村高于城市，儿童高于成人，儿童触电、多数是监护人未尽到教育责任和管理责任。虽然城市居民的用电器具要多于农民，但是在成年人触电事故中，农民触电事故占了将近 2/3。可见，触电人身伤亡事故的发生率与用电器具的数量不成正比，而与文化程度、安全意识成反比。因此，学校应该加强对学生用电安全知识的宣传教育，从而提高学生防范触电的能力。

• 保证人身与带电体的安全距离。

注意电气安全距离，不进入已标识电气危险标志的场所；大家在路上、野外或大风天气时，遇到落在地上的电线，一定要绕行，也许那就是带电的高压线；人们在户外行走时应尽量避开电线杆的斜拉铁线，因为拉线的上端离电力线很近，在恶劣天气里有时可能出现意想不到的情况而使拉线带电；如果发现供电线路断落在水中使水带电的情况，千万不要自行处理，应当立即在周围做好记号，提醒其他行人不要靠近，并要及时打电话通知供电部门紧急处理。

下面是常用电压等级与安全距离的对照表。

**表 3－1**

| 电压等级（kV） | 10 及以下 | 20～35 | 44 | 60～110 | 154 | 220 | 330 | 500 |
|---|---|---|---|---|---|---|---|---|
| 安全距离（m） | 0.7 | 1.00 | 1.20 | 1.50 | 2.00 | 3.00 | 4.00 | 5.00 |

注意不要在高压线附近逗留、玩耍。特别是雷雨天应远离高压电杆、铁塔、变压器和避雷针。

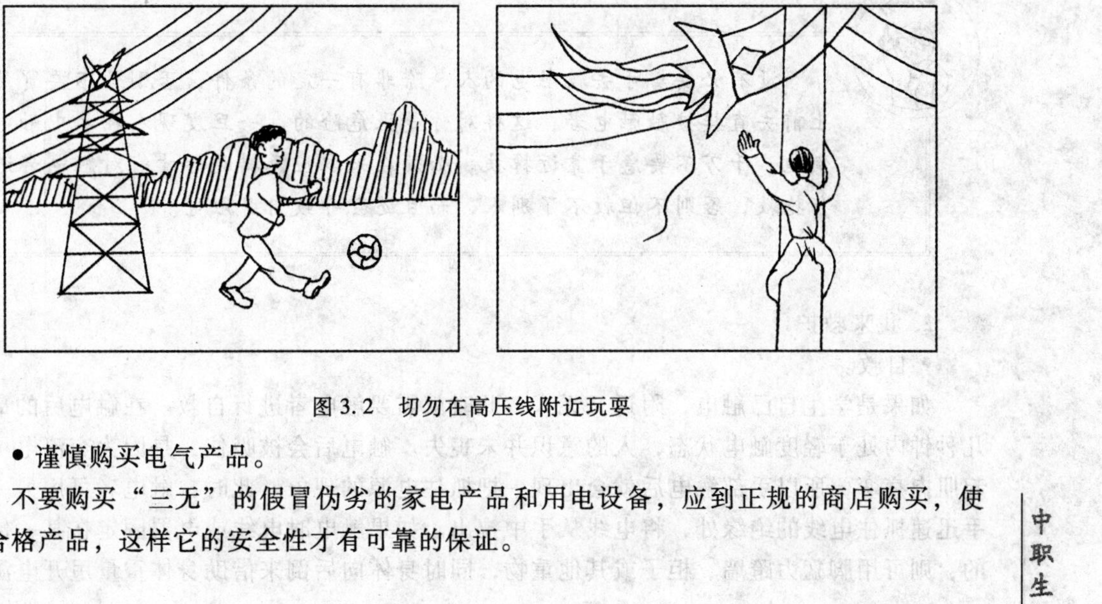

图 3.2　切勿在高压线附近玩耍

● 谨慎购买电气产品。

不要购买“三无”的假冒伪劣的家电产品和用电设备，应到正规的商店购买，使用合格产品，这样它的安全性才有可靠的保证。

**想一想**　当电器发生火灾时，我们首先应该做什么？

请记住：当发生电器火灾时，应立即切断电源，用黄沙、二氧化碳灭火器灭火，切不可用水或泡沫灭火器灭火。

• 及时维修。

损坏的开关、插销、电线等应赶快修理或更换，不能将就使用，也不要私自摆弄，在自己无法解决时，一定要找电气承装部门或电工来改修。保险盒要完善，保险丝熔断时，必须及时找出原因，换上同等容量的保险丝，不可用铜丝或铁丝代替。

• 严格操作规程。

电灯开关最好用拉线开关，尤其是土地潮湿的房间里，不要用床头开关和灯头开关；特别是当人体出汗或手脚潮湿时，不要操作电器设备；灯头用的软线不要东拉西扯，扯灯照明时，不要往铁线上搭；不要用湿抹布擦电线、开关和插销；移动台灯、收音机、电视机等电气用具时，必须先断开电源，然后再移动；晒衣服或搭手巾时不要搭在电线上；不得将三脚插头擅自改为二脚插头，也不得直接将线头插入插座内用电。

• 预防雷击。

在雷雨天不要到高树及古老的建筑物下避雨，更不要在架空变压器下避雨，雷击和暴雨容易引起裸线或变压器短路、放电，对人身安全构成威胁；同时绝对不要将金属器物握在手中，慎用伞尖为金属杆的雨伞。

没有必要勇于去救触电的人，除非有一定的条件，否则你不要贸然上前去直接接触触电者，这样对你是很危险的。一旦发现人在水中触电倒地，千万不要急于靠近搀扶。必须在采取应急措施后才能对触电者进行抢救，否则不但救不了别人，而且还会导致自身触电。

2. 我来救护

• 自救。

如果是学生自己触电，附近又无人，此时就需要触电者进行自救。在触电后的最初几秒钟内处于轻度触电状态，人的意识并未丧失。触电后会被吸住，是因为交流电可引起肌肉痉挛，所以手部触电后就会出现一把抓住电源的现象。此时，触电者可用另一只手迅速抓住电线的绝缘处，将电线从手中拉出。如果触电时电线或电器固定在某一位置的，则可用脚猛力蹬墙、柜子或其他重物，同时身体向后倒来借助身体重量甩开电源。

如果遇到高压线刚好落在身边，首先不要惊慌，更不能撒腿就跑，应该并足或单足跳离20米以外，防止跨步电压触电。

• 救护他人。

现场抢救触电者的原则是八字方针：迅速、就地、准确、坚持。

迅速——争分夺秒使触电者脱离电源。

就地——必须在现场附近就地抢救，千万不要长途送往供电部门、医院抢救，以免耽误抢救时间。

从触电时算起，5 分钟以内及时抢救，救生率 90% 左右。10 分钟以内抢救，救生率 60%。超过 15 分钟，希望甚微。

准确——人工呼吸法的动作必须准确。

坚持——只要有百分之一希望就要尽百分之百努力去抢救。

具体来说，救护触电者的操作规程是：

救助者应首先使触电者迅速脱离电源，但不可用手直接去拉触电者，可采用下列方式来切断电源。

图 3.3　用木棍挑开电线

关闭电源开关、拉闸、拔去插销；或用不导电物体如干燥的木棍、竹棒等物挑开和隔绝电流，使伤员尽快脱离电源。假如触电者的衣服干燥，又没有紧缠住身上，可以用一只手抓住他的衣服，拉离带电体；急救者切勿直接接触触电伤员，如触电者的皮肤或鞋，防止自身触电而影响抢救工作的进行。

以上阻断电源的做法只适合低压触电者。

当伤员脱离电源后，应根据触电者的具体情况，迅速对触电者采取施救措施。

**想一想**　触电者脱离险境后，施救者首先应该做什么？

一般人触电后，会出现神经麻痹、呼吸中断、心脏停止跳动等征象，外表上呈现昏迷不醒的状态，但这也许不是死亡。发现呼吸、心跳停止时，应立即就地抢救。

第一，轻症：即神志清醒，呼吸心跳均自主者，伤员就地平卧，严密观察，暂时不要站立或走动，防止继发休克或心衰。

第二，重者：即出现有心跳，无呼吸；有呼吸，无心跳；呼吸、心跳全无等三种情况。出现以上紧急情况主要救护方法是人工呼吸法和胸外心脏挤压法。

第三，现场抢救中，不要随意移动伤员，若确需移动时，抢救中断时间不应超过30秒。移动伤员或将其送医院，除应使伤员平躺在担架上并在背部垫以平硬阔木板外，应继续抢救，心跳呼吸停止者要继续人工呼吸和胸外心脏按压，在医院医务人员未接替前救治不能中止。

人工呼吸法和胸外心脏挤压法。

人工呼吸法是针对“有心跳而呼吸停止”的触电者。这种方法是使气体有节律地进入肺部，再排出体外，使触电者获得氧气，排出二氧化碳，人为地维持呼吸功能的一种有效方法。

施行人工呼吸法的要领是：

第一，将触电者仰卧，头部充分后仰，使鼻朝上。一只手托在病人颈后，将颈部上抬，用另一只手捏住触电者的鼻子，保证吹气时不漏气；

第二，操作者用中等深度呼吸，把口紧贴触电者的口，缓慢而均匀地吹气，使触电者胸部扩张，要观察胸部起伏程度来掌握吹气量。每次吹气的时间约为2秒钟，吹气完毕后，立即离开触电者的口，并松开触电者的鼻孔，让他自行呼气，时间约3秒钟。如此以每分钟约12次的速度进行。

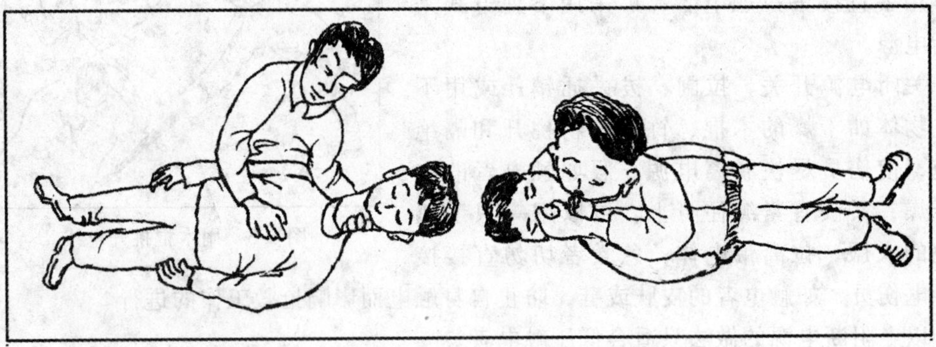

图3.4　人工呼吸

第三，触电者嘴不能掰开时，可进行口对鼻吹气。方法同上，只是要用一只手封住嘴以免漏气。

按照上述步骤连续不断地进行操作，直到触电者开始呼吸为止。

张口捏鼻手抬颌，深吸缓吹口对紧；
张口困难吹鼻孔，五秒一次坚持吹。

在做人工呼吸前，应迅速将触电者身上妨碍呼吸的衣领、上衣、裙带等解开；清除触电者口腔内脱落的假牙、血块、呕吐物等，使呼吸道畅通。触电者如系儿童，只可小口吹气，或不捏紧鼻子，任其自然漏气，以免肺泡破裂；对儿童每分钟吹气 18 ~24 次。

胸外心脏挤压法是针对“有呼吸而心搏停止”的触电者。

胸外心脏按压是现场抢救最实用而有效的心脏复苏方法。首先确定胸外心脏按压部位，通常取胸骨的中下 1/3 为按压点。对于没有乳房发育的人可取两乳头连线中点为胸外心脏按压部位。

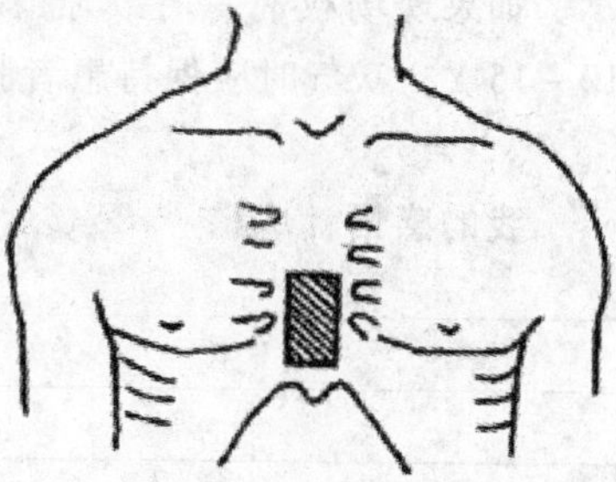

图 3.5　胸外心脏按压的正确部位（图中阴影部分）

这种方法是有节律地按压胸骨下部，间接压迫心脏，排出血液，然后突然放松，让胸骨复位，心脏舒张，接受回流血液，强迫心脏恢复自主跳动的急救方法。

其要领是：

第一，将触电者仰卧在硬板上或地面上，松开衣服和裤带。不能卧在软床上或垫上厚软物件，否则会抵消挤压效果。

第二，救护者跪在触电者一侧或骑跪在其腰部两侧，两手相迭，手掌根部放在伤者心窝上方、胸骨下，掌根用力向下压，压迫心脏使心脏内血液搏击。挤压后突然放松，掌根不必离开胸膛，让患者胸廓自动复原，血液充满心脏。以每分钟 60 次速度进行。

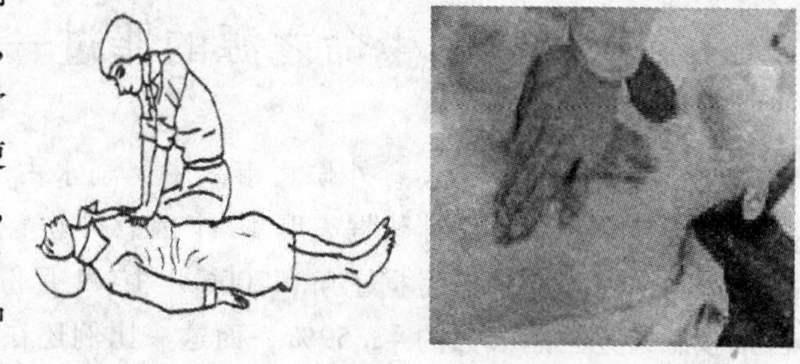

图 3.6　胸外心脏挤压法示意图

挤压时要有节奏，每秒钟一次为宜，患者系儿童，可以只用一只手挤压，用力要轻，以免损伤胸骨，每分钟以挤压 100 次左右为宜。挤压用力要适当，过猛会造成患者内伤，过小则无效。

第三，按照上述步骤，连续有节奏地进行，每秒钟一次，一直到触电者的嘴唇及身上皮肤的颜色转为红润，以及摸到动脉搏动为止。

掌根下压不冲击，突然放松手不离；
手腕略弯压一寸，一秒一次较适宜。

一旦触电者的呼吸和心跳都停止了，则应当同时进行人工呼吸和胸外心脏挤压，以建立呼吸和血液循环，恢复全身器官的氧供应。

现场抢救最好能两人分别施行口对口人工呼吸及胸外心脏按压，以1∶5的比例进行，即人工呼吸1次，心脏按压5次。如现场抢救仅有1人，用15∶2的比例进行胸外心脏按压和人工呼吸，即先作胸外心脏按压15次，再口对口人工呼吸2次，如此交替进行，抢救一定要坚持到底。

如果现场仅有一个人抢救，则两种方法交替用：每吹气换气2～3次，再挤压10～15次。吹气时应保持患者胸部放松，只可在换气时进行挤压。

**我的感悟：**

______________________________

______________________________

______________________________

______________________________

# 主题2

## 生命之源的罪过——溺水

近年来，在未成年人意外伤亡事故中，溺水占了很大的比例。2000～2005年中国卫生部统计全国死亡统计数据表明10个因意外伤害而死亡的0～14岁儿童中，有近6个是因为溺水身亡的。另据了解，2006年1～9月份，全国中小学生因溺水死亡的人数占学生意外死亡总人数的43.59%，而这一比例还在呈逐年上升的趋势。

图3.7　当我们面对水的诱惑时可要当心

下面让我们来看看中国教育电视台等多家媒体都曾报道过的一个中学生意外溺水的事故。

警示录

2005年7月2日，湖南省望城县16岁少年涂泽湘与同学小超、小海一道去水库游泳，小超不慎滑入深水区，涂泽湘在救助小超的过程中，自己也滑入深水区，后来，小超、小海上岸后没有立即呼救，而是赶紧逃离水库。结果……

正值花季年龄的涂泽湘就这样令人痛惜的失去了自己年轻的生命。假如他们同学三人意识到溺水的危险，那天不去水库游泳，悲剧就不会发生。并且，据说当时离水库不足一百米处有位老人正在扎扫帚，这位老人说，如果他听到呼救声完全可以把涂泽湘救上来；假如在发现同学溺水后，小超、小海不慌张逃走，赶紧求救，悲剧也不会发生。但是，现在已不可能有那么多的假如了……所以，我们学生从现在开始就要提高警惕，认识到溺水的危害性，平时要做好防护，并掌握一些自救的方法。

### 认识溺水

溺水是指大量水液被吸入肺内，引起人体缺氧窒息的危急病症。溺水多见于儿童、青少年和老人，以误落水中为多，多发生在夏季，游泳场所、海边、江河、湖泊、池塘等处。溺水者面色青紫肿胀，眼球结膜充血，口鼻内充满泡沫、泥沙等杂物。多数溺水者四肢发凉，部分溺水者因大量喝水入胃、出现上腹部膨胀等情况。

溺水的危险主要是溺水时气管内会吸入大量水分、泥沙、杂草等从而阻碍呼吸，或因冬天喉头遭冷水刺激引起强烈痉挛，导致呼吸道关闭、缺氧而窒息死亡。若抢救不及时，短时间内即会危及生命。

对于我们青少年学生来说，游泳是导致意外溺水的罪魁祸首。

想一想

有的同学可能认为：我的水性很好，而且从来没有遇到过什么不测，游泳有什么危险的。你认为这种说法对吗？为什么？

### 溺水的预防

警示录

2008年4月29日下午1时30分许，武汉汉江江汉二桥河段发生的一幕令人扼腕叹息，6名少年结伴在汉江游泳戏水时溺水，4人获救，2

人失踪。两名失踪孩子刚过完15岁生日。

沙滩上有2堆失踪孩子的衣物，他们的父母随后赶来，痛哭失声。15岁的付铭虎后悔“不该出来游泳”，他的双胞胎弟弟付铭豹一直没找到。他们6人均是某中学初三学生。

中午1时许，6人在江边游泳，其中一人下水后又上了岸，另5人一直在江边游。半小时后，大家觉得体力不支，想上岸，但已力不从心，被江水越冲越远。附近另一帮游泳的少年见状上前营救，将其中3人拉起，另外2人则沉入江中，附近群众随后报警。武汉市公安局水上分局杨家河派出所接到报警后，迅速赶到现场搜救，但2名少年已无踪影。

据介绍，在每年夏季，武汉市都有几十人因游泳而被长江、汉江吞没，其中多数是十几岁的青少年。

学生溺水身亡的出事地点一般都在江、河、水库中，而这些地方恰恰是最容易发生溺水危险的地方。如果他们有预防溺水的意识，也许不会在花样年华失去宝贵的生命。警方提醒，江、河水文复杂，水温温差大，水下暗礁、漩涡较多，水流表面平静，其实流速极快，游泳时极易发生危险。

图3.8　不要轻易到深水区游泳

1. 游泳过程中的预防

游泳，是学生非常喜爱的体育锻炼项目之一，特别是夏天，天气炎热，很多学生喜欢三五成群或私自去一些地方游泳解暑。然而，不做好准备、缺少安全防范意识，遇到意外时慌张、不能沉着自救，极易发生溺水伤亡事故。

为了避免发生溺水不幸，高血压患者、心脏病患者、发热者、有癫痫史者、酒后神志不清者等均不宜下水游泳。健康者下水前应先活动身体，如水温低应先在浅水处用水淋洗身体，待适应水温后再游，以免引起抽筋而发生意外。

为了确保游泳安全，防止溺水事故的发生，我们学生必须做到以下几点：

- 不要独自一人外出游泳，更不要到不知水情或比较危险且经常发生溺水伤亡事故的地方去游泳。切勿去一些不安全的水域游泳，如水库、水下有暗流和杂草的江河边。选择安全的游泳场所，如有专人管理的游泳池；
- 必须要有组织并在老师或熟悉水性的人的带领下去游泳，以便互相照顾；如果集体组织外出游泳，下水前后都要清点人数，并指定救生员做好安全保护措施；

• 要清楚自己的身体健康状况，平时四肢就容易抽筋者不宜参加游泳或不要到深水区游泳。要做好下水前的准备，先活动活动身体，如水温太低应先在浅水处用水淋洗身体，待适应水温后再下水游泳；

• 对自己的水性要有自知之明，下水后不能逞能，不要贸然跳水和潜泳，更不能互相打闹，以免呛水和溺水；

• 在游泳中如果突然觉得身体不舒服，如眩晕、恶心、心慌、气短等，要立即上岸休息或呼救。

我们青少年学生要做到以下“七不”：即不私自下水游泳；不擅自与同学结伴游泳；不在无家长或监护人带领的情况下游泳；不到无安全设施、无救护人员的水域游泳；不到不熟悉的水域游泳；不到水边玩耍嬉戏；不盲目下水施救。

2. 其他溺水预防措施

我们学生除了要注意游泳过程中的溺水预防以外，还要做好以下的一些防护工作：

• 我们要提高对溺水事故防范重要性的认识。要认识到溺水问题不仅仅关系到我们自身的生命安全，还关系到千家万户的欢乐与幸福，关系到社会的稳定与和谐。因此，我们不能图一时欢快而葬送了自己和亲人的幸福；

• 我们要严格遵守学校的规章制度。每年夏天，学校都会在各种场合提出要求，要求我们学生不要去一些危险的水域玩耍。出于对我们自己生命的负责，我们一定要遵守这些纪律要求；

• 我们要注意一些发生过溺水事故或存在安全隐患的地方，并做到远离或避开，还要及时上报有关部门采取有效措施；

• 我们还要通过正当途径掌握一些溺水的自救方法。

### 溺水的自救与救助

1. 自救

当发生溺水时，我们在及时呼救和等待救援的同时，要立即进行自救。

• 自己不熟悉水性而意外落水，身边又无人救助时，首先应保持镇静，千万不要手脚乱蹬拼命挣扎，这样只能使体力过早耗尽、身体更快地下沉。此时正确的自救做法是：落水后立即屏住呼吸，放松肢体等待浮出水面。因为肺脏就像一个大气囊，屏气后人的比重会比水轻，所以人体在水中经过一段下落后会自动上浮。当你感觉开始上浮时，应尽可能使头部后仰。只要不胡乱挣扎，这样人体在水中就不会失去平衡，你的口鼻将最先浮出水面，从而可以进行呼吸和呼救。

注意呼吸时尽量用嘴吸气、用鼻呼气，以防呛水。当救助者出现时，落水者只要意识还清醒，绝不可惊惶失措地去抓抱救助者的手、腿等部位，一定要听从救助者的指挥，让他带着你游上岸。否则不仅自己不能获救，反而会连累救助者的性命。

- 对于会游泳的人发生溺水多是遇到了意外，手足抽筋是最常见的。这主要是由于下水前准备活动不充分、水温偏冷或长时间游泳过于疲劳的原因。如果发生小腿抽筋，千万不要惊慌，要保持镇静，采取仰泳位，用力蹬腿或用手将抽筋的腿和脚趾向背侧弯曲，可使痉挛松解。若手腕部肌肉痉挛，可将手指上下屈伸，另一只手辅助按捏即可。

经过长时间游泳自觉体力不支时，可改为仰泳，用手足轻轻划水即可使口鼻轻松浮于水面之上，调整呼吸、全身放松，稍作休息后游向岸边或浮于水面等待救援。

- 在湖泊之中游泳时，由于对水情不熟一旦发生水草缠足的情况，可深吸一口气潜入水下，迅速将缠足的水草解脱，然后沿来路退回，不可继续深入。而在江河之中游泳，有时会遇到巨大的漩涡，此时应立即使身体平卧在水面上，这样可以加大着水面积，保存体力，以最快的速度沿其切线方向游离漩涡中心。因为漩涡虽然吸引力大，但不容易把面积大的物体卷入水底。

千万不能采取直立踩水姿势以防被强大的漩涡吸入水下。万一被卷入水下，也应在入水前深吸一口气争取在水下奋力一拼，此时顽强的求生意识是你获救的唯一希望。

2. 救助他人

溺水者往往神智不清，会本能地、死命地抓住一切能够抓到的物体（包括拯救者）。救人时，此时的溺水者的本能反应，往往使施救者力不从心，最终救人不成反而陪上性命。因此，只要有其他方法将溺水者拉到岸上，就尽量不要下水去施救。当然，万不得已的情况下，在施救者有能力的前提下，还是要下水施救，不过要注意正确的施救方法。

**想一想**

当溺水时，遇到施救者来救自己，这时我们该怎么配合？

● 下水前应准备一块结实足够长的长条布或毛巾，没有时可用衣服等代替；

● 如果决定下水救人，切记不要让溺水者抓住自己。如在游向溺水者时，与溺水者正面相遇，必须立刻采用仰泳迅速后退；

● 在离溺水者距离合适时，将布或毛巾递过去，让溺水者抓住一头，自己抓住另一头拖着溺水者上岸；

● 假如必须用手去救，则应从背后把溺水者牢牢抓住，使溺水者仰面，靠近自己的头，并用力夹住溺水者的肩膀，然后采取仰泳的方式将溺水者拖回岸。

3. 对溺水者的急救方法

本书在前面已经介绍了溺水后若抢救不及时，短时间内会危及生命。所以我们学生要在可能的情况下争分夺秒地对溺水者进行现场急救，切不可因为急于送医院而失去宝贵的抢救时机。

专家指引

溺水者被救上岸后进行现场急救的黄金时间是5至10分钟。专家介绍说，溺水后脑缺氧5分钟就会导致脑死亡，因而救出水后现场急救至关重要。

然而，我们学生该如何对溺水者进行现场急救呢？以下是关于急救的一些常识和技巧。

● 将溺水者抬出水面后，应立即清除其口、鼻腔内的水、泥及污物。用纱布（或手帕）裹着手指将其舌头拉出口外，解开其衣扣、领口，保持呼吸道通畅，然后抱起其腰、腹部，使其背朝上、头下垂进行倒水。或者抱起伤员双腿，将其腹部放在急救者肩上，使积水倒出。或急救者取半跪位，将伤员的腹部放在急救者腿上，使其头部下垂，并用手平压背部进行倒水。

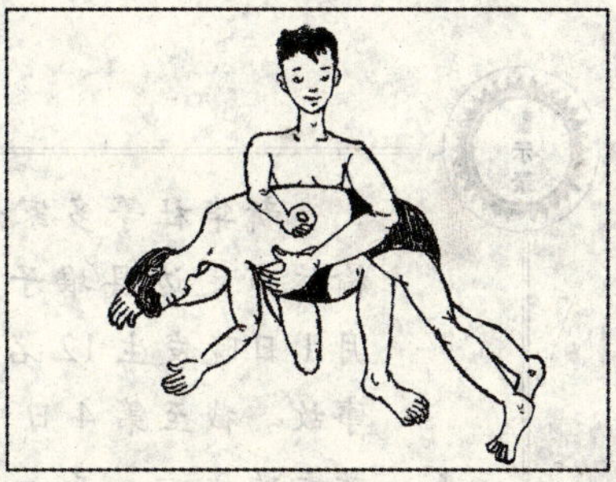

图 3.9　伏膝倒水法

● 如果溺水者呼吸停止，则应立即对其进行人工呼吸和胸外心脏按压（该方法在本模块主题1中已经介绍）。

想一想　溺水者心脏停跳，先抢救还是等120？

专家指引

拨打救护电话后，救护车最快也要6至8分钟后才能到达。这时，病人可能已经失去了救活的希望。如果你懂得急救知识，就可以抓住这宝贵的8分钟，为溺水者和医生争取时间。

**我的感悟：**

____________________

____________________

____________________

____________________

# 主题3

## 谨防燃气爆炸、中毒

燃气给人们的生活带来很大方便的同时，也给我们造成了无数的悲剧，留下了危险和灾难的隐患。

警示录

新华社等多家媒体曾报道：陕北榆林市定边县堆子梁中学2008年12月1日晚发生12名女生一氧化碳中毒事故。截至第4日中午，11名学生抢救无效死亡，另一名中毒学生经过抢救基本脱离危险。据调查，这12名学生中最小的只有9岁，最大的也只有11岁，事故的原因是她们使用炭炉取暖不慎造成一氧化碳中毒的。

图3.10　用炭炉取暖极易导致中毒

11个可爱的“花朵”过早地凋零，实在是令人痛心不已。为了尽量避免此类事故再次发生，我们学生应该掌握一些关于燃气中毒的避险与自救知识。

## 燃气及特征

燃气是气体燃料的总称，是由多种气体所组成的混合气体。它能燃烧而放出热量，供城市居民和工业企业使用。我们日常生活使用的燃气，主要是液化石油气、天然气和人工煤气。

液化石油气易燃易爆，它本身无毒，因此素有绿色能源之称，但泄漏后与空气混合浓度大于10%时，会对人体中枢神经产生麻醉作用，因此同样必须注意安全。

相比较而言，天然气是一种高效、洁净环保的优质能源，其主要成分为甲烷，比空气轻，几乎不含硫、粉尘和其他有害物质；无色、无味，热值高，燃烧充分；天然气燃烧过程中基本不产生污染空气的二氧化硫，造成温室效应较低，因而能从根本上改善环境质量；也不会造成管道、表具、灶具等的腐蚀、现在城市里的居民用气逐渐在向天然气转变。

而煤气主要是炼焦时产生的气体，它的主要成分是氢气，还含有少量一氧化碳，它虽然也是无色的，但却有一定的毒素。

液化气钢瓶要远离明火、热源。不得用火烘烤或热水加热钢瓶，也不能将钢瓶倾倒地上摇晃以让残气烧尽，其实这些做法都是相当危险的，极易引起爆炸。另外，换气后要检查减压阀。每次换气后连接减压阀时，要检查减压阀前端胶圈是否丢失或损坏，确认完好后再连接。

## 燃气中毒及现场急救

燃气的毒性主要来自一氧化碳。人在含有0.1%（体积）一氧化碳的环境中呆1小时左右，就有头痛、恶心、呕吐、四肢无力等中毒现象。当空气中一氧化碳含量达到1%（体积）时，人体吸入2~3分钟便失去知觉，最终会因窒息而死亡。

1. 一氧化碳中毒

警示录

2006年3月1日，因为马上要去广东卫视录节目，“超级玛丽”演唱组合成员——武汉女孩罗惊、韩萱都很开心，和朋友一起吃消夜直到3月1日凌晨3点多，才回到她们居住的出租屋。2日下午1点多，两女孩的朋友刘然给韩萱发了两条短信，没有回复；3点多，他又给两人打手机和住宅电话，无人接听。此后刘然不断给两人打电话，一直无人接听。刘然坐不住了，他来到二人住处门口。他打屋里的电话，隔着门他能听到屋里电话的振铃声，但就是没人接听。打韩萱的手机，同样也能听到手机的铃声。他怀疑韩萱她们煤气中毒了，立刻打了110报警。

刘然回忆当时的情形说："一进卧室特别呛，她们俩躺在那儿，罗惊捂住半边脸，能看到呼吸，韩萱两眼翻白，口吐白沫，浑身在抽搐。"她们当即被送往医院急救，ICU（重诊监护）中心主任医师说："她们属于重度中毒，神经损伤极其严重，如果不是年轻，脏器好，肯定没命了。成为植物人是最好的结果，成为痴呆人就是奇迹了。"两个孩子都被剃光了头发，气管被切开，靠呼吸机和营养液维持生命。

2006年10月15日，中毒昏迷长达229天之后，20岁的罗惊永远地睡去，留给父母无尽的悲痛和10多万元的债务。在父母亲情的感召和呼唤下，韩萱的情况已有明显好转，体质也正在恢复。能在外力的作用下站立或坐起，能说能笑了。

韩萱的健康慢慢恢复值得庆幸，而逝者却无法复生。对我们来说，千万不能忽视导致其遇险的原因。所以在家中，我们学生使用燃气时一定要知晓一些基本的安全常识。

现在城市中天然气越来越普及了，天然气不含一氧化碳，一般不会引起中毒。不过，使用天然气也并非绝对安全，如果使用不当也会发生一氧化碳中毒甚至发生火灾、爆炸等严重事故。天然气属于易燃易爆气体，使用时仍需注意安全。

天然气在燃烧时都在进行氧化。当在密闭的房间里，消耗氧气过多时，会使燃气不完全燃烧，产生一氧化碳而导致中毒。所以，使用天然气首先要注意通风

一氧化碳气体无色、无味、有剧毒。人在吸入一定量的一氧化碳后，会因血液中缺氧而窒息中毒或致死亡。

一氧化碳中毒大多由于煤炉没有烟囱或烟囱闭塞不通，或因大风吹进烟囱，使煤气逆流入室，或因居室无通气设备所致。生活过程中在通气不良的室内烧煤取暖，或使用燃气炉、燃气热水器淋浴都可能发生一氧化碳中毒。

当人们意识到已发生一氧化碳中毒时，往往为时已晚。因为支配人体运动的大脑皮质最先受到麻痹损害，使人无法实现有目的的自主运动。此时，中毒者头脑中仍有清醒的意识，也想打开门窗逃出，可手脚已不听使唤。所以，一氧化碳中毒者往往无法进行有效的自救。

在日常生活中，家庭用火、取暖、洗浴时缺乏预防措施，是导致一氧化碳中毒的主要原因。因此我们要特别注意：

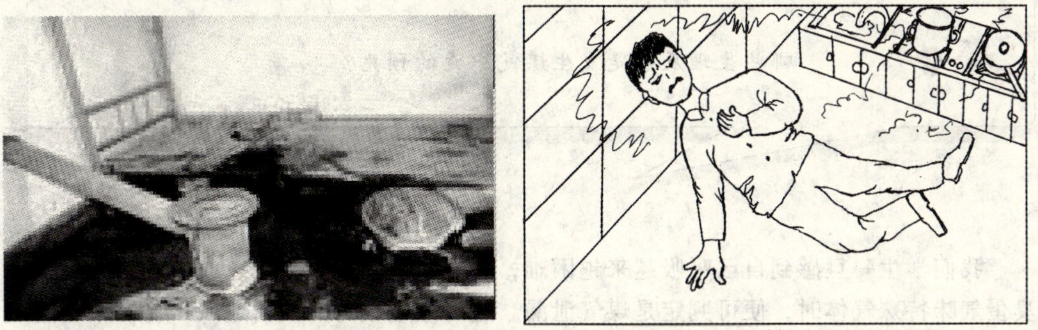

图 3.11　一氧化碳中毒

• 不要在密闭居室中使用煤炉取暖、做饭，由于通风不良，供氧不充分，容易使产生的大量一氧化碳积蓄在室内而引起中毒；

• 使用燃气热水器洗澡时要注意热水器是否漏气。应把热水器安装在浴室外，最好使用烟管式或平衡式热水器；

• 应购买使用质量和安全性能良好的灶具和热水器，假冒伪劣产品是事故之源；应按产品说明书要求正确使用，使用时注意保持屋内通风，燃具应定期维护保养（热水器为 8 ~ 10 月），有故障应及时维修；及时更换老化的橡胶管，灶具用毕关好燃气阀门和燃气灶，开启厨房窗户；

• 家用煤气胶管经过长期使用，由于一氧化碳等介质的腐蚀，经常引起煤气胶管的老化甚至穿孔而漏气。因此，需要及时更换煤气胶管，一般而言，1 ~ 2 年应更换一次；

• 合理安装烟囱，筒口不要正对风口，以免煤气倒流。

不少煤气中毒事故的发生是完全可以避免的，我们在使用燃气时注意保持开窗换气，也许就不会出现悲剧。为此，我们学生一定要注意必须保持室内良好的通风，这是最重要的。

冬季在车库内发动汽车或开动车内空调后在车内睡眠（汽车尾气中含一氧化碳 4% ~ 8%，一台 20 马力的汽车发动机一分钟内可产生 28 升一氧化碳），都可能引起一氧化碳中毒。

2. 现场急救

一氧化碳造成急性死亡的主要原因是大脑缺血和心律失常，因此对一氧化碳中毒的抢救应分秒必争，尤其是重症患者。及时的救护措施可以使一氧化碳中毒引起的缺氧迅速改善，减轻缺氧性损伤，防止和减少各种并发症发生。

想一想　哪些生理反应是发生煤气中毒的预兆？

我们学生一旦感到自己呼吸越来越困难，头昏眼花、四肢无力，或是房内传出一种臭蛋气味特殊气体时，便可判定是煤气泄漏。这时应赶紧打开门窗通风，自己站在上风处；情况严重、尚有意识时，应拨打“110”报警或电告亲友。注意不要划火柴、开关电灯和启闭其他电器。

当我们发现有人发生煤气中毒，应该迅速将中毒者盖好被子，移离中毒现场，抬到通风、空气新鲜处，松开中毒者衣领（注意保暖），密切观察意识状态。有呕吐现象的，将患者头转向一侧，抠出口腔内呕吐物。对呼吸心跳停止者应立即进行“心肺复苏”。

如果病人有以下症状：神志突然丧失、抽搐、大小便失禁、脉动不明显、自主呼吸停止或在挣扎一两次后随即停止，面色苍白，应迅速拨打求救电话送医院抢救。在送医院的同时，我们还应对病人实施口对口（小婴儿口对鼻）辅助通气，每分钟吹气 8 ~ 10 次。

大脑缺血缺氧超过 4 ~ 5 分钟，即可遭受不可逆的损伤，在此时间内进行抢救，成功希望大，可不遗留后遗症。

在医院及时有效补氧，保护重要器官，是急性煤气中毒最重要的治疗原则。轻度病人也可进行高压氧治疗。我们学生主要是要掌握医院治疗前的一些应急措施，所以关于一氧化碳中毒的医院治疗内容在这里就不赘述。

**我的感悟：**

# 主题4

## 上上下下的感觉——电梯

电梯，在城市生活的人们并不陌生，住宅、旅游、购物都会让我们和电梯有“亲密接触”。特别是近年来，商务楼、高层居民楼等高层建筑犹如雨后春笋般的增加，电梯已经成为与我们生活密切相关的一种交通运输工具。然而，由于电梯作为特种设备，其自动化程度高、结构复杂，所以真正懂得电梯结构及其正确使用方法的人并不多见。正因为如此，经常出现人为的电梯故障，即使是一些常见的电梯故障也往往引起人们不必要的恐慌，同时也经常出现由此而产生的人身伤亡的恶性事故。

我们学生有必要了解一些电梯的正确使用方法，以免造成不必要的人身伤亡事故及恐慌。

图 3.12　现代生活离不开电梯

**你会乘电梯吗**

这个问题也许你觉得好笑，电梯谁不会乘？是的，但是你能说每次乘电梯时都注意了那些安全事项吗？你未必完全明白怎样乘电梯才是安全的。

1. 安全乘坐电梯

我们学生在乘坐电梯时，要树立安全第一的意识。可能有的学生会认为，电梯有什么可怕的，我从来没因为乘电梯出过险情。其实这种想法是很不对的，乘电梯有许多需要我们重视的问题：

• 留心安全标志。

乘坐电梯，首先要查看电梯内有没有质量技术监督部门核发的安全检验合格标志，电梯有安全标志才能保障安全；

警示录

2006 年 9 月 13 日晚，在哈尔滨市道外区北兴教育园小区，张女士所乘坐的电梯刚在 10 楼停下，突然停电了，电梯门打不开。她慌忙按电梯的紧急呼救钮，没有反应，两分钟后来电了，电梯竟迅速向下滑落，一直滑落到地下一层。张女士最后通过手机通知家人才得以获救。事故的原因是该小区电梯没有“安全检验合格标识”，电梯里紧急呼救设备不好使。

• 切勿超载。

民用电梯一般都有载重量和限乘人数，千万不要图节省时间而硬挤电梯，造成电梯超载，出现事故；当电梯报警时，就应该主动退出，等下一趟再乘，电梯超载是很危险的；

图 3.13　关注电梯中的参数

小卫士

当电梯门快关上时，千万不要强制冲进电梯，阻止电梯关门；切忌一只脚在内一只脚在外停留，这样容易导致意外发生。

• 不随便按应急按钮。

应急按钮是为了应付意外情况而设置的，电梯在正常运行时，千万不要去按应急按钮，否则会给你带来不必要的麻烦；

• 发生意外千万别慌。

电梯运行中万一出现故障时，我们不要惊慌，应设法通知维修人员救援，也不要乱动乱按，等待是保障安全的明智选择；在发生火灾时，应将电梯停在火势或烟火未蔓延的楼层，这时我们千万不要使用电梯逃生，而要从楼梯安全出口处逃生；

• 进出电梯须观察。

电梯停稳后，乘客进出电梯时应注意观察电梯轿箱地板和楼层是否水平，如果不平，说明电梯存在故障，应及时通知检修，以保障我们自身的安全。

警示录

2006 年 6 月 29 日晚，哈尔滨市南岗区“金博花园”住宅小区一栋居民楼的电梯突然卡在 13 层与 14 层之间，此时 13 楼住户夏某一家三口恰巧正在这部电梯中。电梯中没有专供报警用的电话，按警铃也无济于事，半小时以后，电梯门突然打开，夏某刚一迈步就坠入电梯井后死亡，其妻子和儿子被后来赶到的民警和物业人员救出。

电梯卡住，按警铃求救是正确的选择，在等待救援时不要慌张，特别时电梯门开时要看清楚，不要急着出电梯。

其实，在乘坐电梯时，我们可以对电梯事故作出一些事先预判，从而避免对人身的伤害。

专家指引

当电梯运行时，如果发现电梯速度与平时不一样、轿厢内有明显的撞击声或者声响异常、闻到焦糊味或轿厢内有明显烟感、手摸厢壁有麻电感等现象，应迅速下梯并及时通知维修部门进行处理；到达楼层时，要尽快出轿厢，不要在轿厢口停留；在电梯运行过程中停电或电梯突然停止，不要慌张，更不可乱动内部设施，应迅速使用报警电话或者警铃与外界联系。

2. 乘坐自动扶梯的注意事项

• 搭乘前应系紧鞋带，留心松散、拖曳的服饰（例如长裙、礼服等），以防被梯级边缘等咬住而发生危险；

• 在自动扶梯或自动人行道出入口处，我们应按顺序依次搭乘，不要相互推挤，特别是有老年人、儿童共同乘用时更应注意；

如果自动扶梯较宽，我们应靠右侧站，以便让着急的人从左侧超过。在拥挤的楼梯上，跟随着人流，不论上楼还是下楼一般都应靠右侧走。当然，如果楼梯只有一侧有扶手，而有的人必须扶着扶手以保证安全，那么，其他人应服从他的需要。

图 3.14　乘用扶梯要小心

• 我们在自动扶梯梯级入口处踏上梯级水平运行段时，应注意双脚离开梯级边缘，站在梯级踏板黄色安全警示边框内。也不要踩在两个梯级的交界处，以免梯级运行至倾斜段时因前后梯级的高差而摔倒；

• 搭乘时应面向梯级运动方向站立，一手扶握扶手带，以防因紧急停梯或他人推挤等意外情况造成身体摔倒；

• 不把扶手当滑梯，我们要注意从自动扶手上滑下来是很危险的，自己可能受伤，还可能使别人遭殃；不要在自动扶梯或自动人行道出口处逗留，以免影响其他乘客的通行。

### 被困电梯的逃生术

眼下，电梯已成为我们生活中不可或缺的一部分，但有时发生的电梯事故让我们又对电梯望而却步。所以在电梯生产厂家努力提升电梯安全质量的同时，我们学生也要了解一些关于电梯遇险的自救常识。

1. 电梯急坠时的防护

• 不论有几层楼，赶快把每一层楼的按键都按下。因为电梯下坠时会急速下坠，且坠落时很可能会使乘客全身骨折而死。而把每一层楼的按键都按下，就有可能启动紧急电源，当紧急电源启动时，电梯可马上停止继续下坠；

**警示录**

> 网上有一个帖子：有一天搭乘电梯，就遇上了电梯突然断电，虽然紧急供电系统几秒后就开始作用，可是电梯还是从 13 楼迅速往下坠。还好当时记起曾经看过电视教的，赶快把每一层楼的按键都按下，好在电梯在五楼终于停止了……真的有捡回一条命的感觉！当你面临生死一线间时，当下的你所做的每一个动作将决定你的生死与否。

生活中，难免会坐到电梯，但是，万一遇到电梯发生事故，迅速往下坠落时，你可能只有一个念头：站在电梯随他吧！……

● 如果电梯里有手把，一只手紧握手把，这样可固定我们所在的位置，使我们不至于因重心不稳而摔伤；

● 我们还要把整个背部跟头部紧贴电梯内墙呈直线，运用电梯墙壁作为脊椎的防护；

● 使我们的膝盖呈弯曲姿势，因为韧带是唯一人体富含弹性的一个组织，借用膝盖弯曲来承受重击压力，比骨头承受压力会更大。

> **想一想**　怎样在电梯急速下坠时，最大限度使自己免受伤害？

2. 被困电梯中的自救

如果某一天在乘坐电梯时意外被困，你该怎么办？专家认为，只要保持足够镇定，并采取适当措施，被困者完全可以成功脱险。

● 如果万一被困电梯，我们学生首先应冷静呼救，同时保持体力，等待救援。一般人来人往的地方，电梯出了异常情况，外面的人员或者工作人员很快就会知道并设法处理的。

● 坐电梯一旦碰到“死机”现象，千万不要紧张，因为电梯因故障中途停运，其保护装置通常会启动并发生作用，电梯的防护钳会牢牢夹住电梯槽两旁的钢轨，使电梯不至于下坠或冲顶；

● 被电梯困住后，人们心里都比较焦急、愤怒，总有人采取一些冲动行为，比如踢门、打门，在电梯里乱跳乱叫，这些举动只会加剧人们的焦虑心情。这时候我们最需要的是保持镇定。可利用警铃或手机求援，如无警铃或手机又失灵时，可拍门叫喊或脱下鞋子敲打求救；

● 被困电梯不要自行撬门，因为门被强行撬开后，电梯可能突然启动，被困者如果在此时钻出，很容易发生危险。不要学着电视里的举动，妄图砸碎天棚逃生，要知道这是非常不明智的。

> 被困电梯时，有些人会用棍子奋力扒电梯门，还有的试图爬出电梯内的紧急出口。需注意的是，以上两种都是危险的行为。
>
> 电梯的厅门在厅外是不能扒开的，必须用专用工具才能开启（专用工具由维修人员掌管）。乘客是不准扒门的，更不能打开，否则会有坠落井道的危险。现代电梯都有电脑纠错功能，出现故障后便自动开始工作，万一在你扒开门往外爬到一半的时候，电梯纠错成功突然启动，就可能发生不测。至于电梯内的紧急出口（天花板），更不可轻易攀爬。电梯顶部的安全窗仅供电梯维修人员使用。安全窗出口板一打开，安全开关就使电梯煞住不动，但如果出口板意外关上，电梯可能突然启动，令人失去平衡而坠落。

**我的感悟：**

# 主题5

## 食物中毒了，你咋办

警示录

2006年9月6日上午，北京市园林学校的59名学生开始出现腹泻、发烧、口吐白沫等症状，其中28名症状较重的学生被送到医院救治。在医院卫生间内，中毒学生小朱（化名）悄悄告诉记者，他当天中午在学校食堂吃的是炒饭，也有同学吃的是包子。下午两点多，他就开始上吐下泻，越来越多的同学也有同样的反应。一名男生说，厕所里人都满了，有的同学憋不住就在校园里方便了。

在医院，就医的学生挤满了急诊室、输液室、抢救室，就连换药室也被临时征用了。一名护士告诉记者，从上午10点开始，28名出现食物中毒迹象的学生前来就医，其中9人体温超过38.5度，医院领导临时从其他科室和住院处抽调医生、护士应急。

食物中毒其实对我们学生来说并不陌生，我们经常可以听到或看到有关食物中毒的报道。但是，我们却只会对这些报道一扫而过，因为它离我们似乎很远。我们同学们可曾思考过，假如这样的事件发生在我们自己周围，我们该怎么办？现在，还是让我们从认识“食物中毒”开始吧！

### 食物中毒及特点

食物中毒是指人摄入了含有生物性、化学性有毒有害物质后或把有毒有害物质当作食物摄入后所出现的非传染性的急性或亚急性疾病，属于食源性疾病的范畴。

食物中毒按病原物质分类可分为：细菌性食物中毒、真菌毒素中毒、动物性食物中毒、植物性食物中毒和化学性食物中毒。

图 3.15 野生菌、发芽土豆、变质食物是常见食物中毒因素

在我们日常生活中，细菌性食物中毒和植物性食物中毒是最常见的。因此，我们学生特别要在这方面引起重视。在春、夏季，随着气温逐渐升高，细菌性的食物中毒更加肆虐频发。这是由于高气温为微生物生长繁殖提供了条件，特别是夏季，人体肠道的防御机能下降，更容易感染胃肠疾病。

引起细菌性食物中毒的食物主要是剩饭、剩菜、熟食、肉制品、冰糕、豆制品等。由于食品被致病性微生物污染后，在适宜细菌生成的温度、水分和营养条件下，微生物急剧大量繁殖，食品在食用前不经加热或加热不彻底，或熟食品受到病原菌的严重污染并在较高室温下存放，从而使食品变质滋生细菌，食用后引起中毒。

**专家指引**

据统计资料表明，细菌性食物中毒占食物中毒总数的50%左右，而动物性食品是引起细菌性食物中毒的主要食品，其中肉类及熟肉制品居首位，其次有变质禽肉、病死畜肉以及鱼、奶、剩饭等。并不是人吃了细菌污染的食物就马上会发生食物中毒，细菌污染了食物并在食物上大量繁殖达到可致病的数量或繁殖产生致病的毒素，人吃了这种食物才会发生食物中毒。

**想一想** 食物被细菌污染主要有哪些原因？

食物中毒具有潜伏期短、突然性和集体性暴发的特征，多数表现为肠胃炎的症状，并和食用某种食物有明显关系。

• 由于没有人与人之间的传染过程，所以导致发病呈暴发性，潜伏期短，来势凶猛，短时间内可能有多数人发病，发病人数呈突然上升的趋势；

• 中毒病人一般具有相似的异常症状，多表现为恶心、呕吐、腹痛、腹泻等消化道症状；

细菌性食物中毒的病人这种症状尤为明显。但根据进食有毒物质的多少以及中毒者的体质强弱，症状的表现轻重会有所不同。此外，还有神经系统症状，如头痛、怕冷发热、乏力、瞳孔散大、视力模糊、吞咽、说话及呼吸困难。中毒严重的人，可因腹泻造成脱水、休克、呼吸衰竭而危及生命。

• 发病与食物有关。患者在近期内都食用过同样的食物，发病范围局限在食用该类有毒食物的人群，停止食用该食物后发病很快停止。

想一想　食物中毒病人对健康人是否具有传染性？

### 食物中毒的预防与急救

警示录

2007 年 6 月底的一天，某职校的李明放学后途经菜市场时，看见路边人行道上一字排开五六个小摊贩，有卖葱油饼的，有卖凉粉的……一个人一边使劲吆喝着：“羊肉串，正宗的新疆羊肉串！”一边不停地给围着买吃的人烘烤。李明经不住香气的诱惑，买了两串边走边吃。晚饭后，李明开始感觉肚子有些疼痛。起初他在床上躺一下还能忍受，渐渐地痛如刀绞，浑身直冒汗，在卫生间呕得翻肠倒胃，过后又想拉肚子，一拉就没完没了。父母赶快把他送进医院。经诊断，李明因为吃了不洁食物而中毒，需住院治疗。此时，正逢学校期末复习，住院的李明人虽躺在病床上，可心里想的是落下的学业。经过 3 天治疗，花去 1000 多元的治疗费。李明虽然恢复了健康，但期末考试各科成绩大不如以前。

夏天天气炎热，肉制品容易变质，更何况有些摊主为了赚钱，低价买进已经变质的肉类，甚至买进有病或死去的动物肉类。并且街头卖的“羊肉串”等，看似在炭火上烧烤，已是“高温消毒”了，但摊主为了快些卖出，没等烤熟就卖了。人们吃了这种半生不熟的肉制品，很可能会生病。如果吃了有病或死去的动物肉类，即使侥幸没有食物中毒，也可能会患上寄生虫病或其他一些慢性病，潜伏体内对身体健康造成长期侵害。街头的无证摊贩大多没有健康证，假如摊主自己是个带菌的病人，通过接触或吐沫等渠道将病菌传染给顾客，那么顾客也就很容易得病了。

易中毒食物：未炒熟的四季豆、发芽的土豆、鲜木耳、野生蘑菇、腐烂变质的白木耳、未成熟的青西红柿、霉变甘蔗、扁豆、河豚、炭烤食物、腌制品等。

因此，我们学生无论是在学校，还是在家里或其他地方，都要注意远离不洁食物，预防食物中毒。而控制食物中毒关键在预防，搞好饮食卫生，严把“病从口入”关。

1. 食物中毒的预防

• 不买无证摊贩的任何食品，无证摊贩出售的食品安全隐患很多；

• 仔细查看食品的保质期，不食用超过保质期限的任何食品，不食用霉变的食品或有馊味的食品，坚决不购买、不食用三无食品；

想一想　什么是三无产品？

• 不生吃海鲜、肉类等；不吃被有害化学物质或放射性物质污染的食品；不吃河豚鱼、生的四季豆、发芽土豆、有毒蘑菇、霉变甘蔗等；

• 养成卫生习惯，饮食之前要洗手，可生食、不去皮的瓜果必须清洗干净后用凉开水漂洗才能食用，预防可能残留在果皮上的农药引起中毒；在家里做饭时切过生食的菜刀、菜板不要用来切熟食；

• 不食用病死的禽畜肉，在学校如果觉得食物有异味，要停止进食，并马上向老师或学校报告；

• 了解一些食品常识，不同时食用相互起化学反应的食品。

驴肉与金针菜——同食心痛致命；

兔肉与小白菜——同食易呕吐；

鹅肉与梨子——同食易生热病；

羊肉与梅干菜——同食生心闷；

鸡肉与芥菜——同食伤元气；

羊肉与西瓜——同食伤元气；

鹅肉与鸡蛋——同食伤元气；

猪肉与菱角——同食肚子疼；

豆腐与蜂蜜——同食耳聋；

萝卜与木耳——同食得皮炎；

狗肉与绿豆——同食多吃易中毒；

洋葱与蜂蜜——同食伤眼睛；

黄瓜与花生——同食伤身；

香蕉与芋头——同食胀腹；

柿子与螃蟹——同食腹泻；

鸡蛋与糖精——同食中毒；

兔肉与芹菜——同食脱发。

食物中毒的诊断虽然一般必须有专门的机构来进行，但我们学生自己也可以学会进行一些初步的判断：

中毒者在相近的时间内均食用过某种共同的中毒食品，未食用者不发病，停止食用该种中毒食品后，发病很快停止；发病急剧，潜伏期短，病程亦较短，一起食物中毒的病人在很短的时间内同时发病，很快形成发病高峰，并且一般无人与人之间直接传染。

2. 食物中毒后的自救

一般的食物中毒，多数是由细菌感染，少数由含有毒物质（有机磷、砷剂、升汞）的食物，以及食物本身的自然毒素等引起。发病者如在家中发病，就视呕吐、腹泻、腹痛的程度可进行适当处理。主要急救方法有：

• 催吐。

如果食用有毒物质时间在 1～2 小时内，可使用催吐的方法。立即取食盐 20g 加开水 200ml 溶化，冷却后一次喝下，如果不吐，可多喝几次，迅速促进呕吐。也可用鲜生姜 100g 捣碎取汁用 200ml 温水冲服。如果吃下去的是变质的荤食品，则可服用十滴水来促使迅速呕吐。我们自己有时还可用手指等刺激咽喉，引发呕吐；

• 导泻。

如果病人食用有毒食物时间较长，已超过 2～3 小时，但是精神较好，则可服用些泻药，促使有毒食物尽快排出体外；

• 解毒。

如果是吃了变质的鱼、虾、蟹等引起的食物中毒，可取食醋 100ml 加水 200ml，稀释后一次服下。若是误食了变质的饮料，最好的急救方法是用服用鲜牛奶或其他含蛋白的饮料；

● 补充液体。

食物中毒者需要及时补充水分，尤其是开水或因上吐下泻所流失的电解质，如钾、钠及葡萄糖；因为呕吐、腹泻造成体液的大量损失，会引起多种并发症状，直接威胁病人的生命。这时大量饮用清水，可以促进致病菌及其产生的肠毒素的排除，减轻中毒症状。

呕吐与腹泻是肌体防御功能起作用的一种表现，它可排除一定数量的致病菌释放的肠毒素，故不应立即用止泻药。特别对有高热、毒血症及脓血便的病人应避免使用，以免加重中毒症状。

如果经上述急救，症状未见好转，甚至出现失水明显，四肢寒冷，腹痛腹泻加重，面色苍白、大汗、意识模糊，说胡话或抽搐应立即送医院救治，否则会有生命危险。

**我的感悟：**

# 主题 6

## 你会“迷途知返”吗

浩瀚无垠的荒漠，茂密的丛林，皑皑的雪山，它曾经是人类文明的发源地，它不但蕴藏着神秘的古城遗址和神奇的自然景观，它更以一种神奇的力量吸引着越来越多的户外爱好者。然而在这荒凉和冷酷的美丽之中却蕴含着众多的威胁，野外迷途就是威胁户外爱好者生命的主要杀手之一。

专家指引

据了解，对于户外运动，目前在全国都没有成立专业的紧急救援机构，出现险情一般都是报警，由政府负责救援。并且，由于目前所有的保险业务都不针对户外运动，户外运动也被列为危险项目，从而几乎被所有的意外伤害险排除在承保范围之外。户外运动爱好者如果发生意外，几乎得不到任何赔偿。

我们大多同学都是独生子女，在安逸平静、毫无危险的“温室”中长大，大脑里基本上没有处理生存问题的意识，现在非常有必要提高我们的野外生存能力。

据了解约有60%的学生从未跟随父母一起去野外郊游，90%以上的学生没有一个人在野外独处超过24小时。所以大部分学生从未尝试过怎样应对突发问题，也没有考虑到如果有一天在孤身一人、身处险境时该怎么办。但是内心的好奇往往使同学们都想外出探险，可一旦出了问题又该怎样去应对呢？

## 野外必要装备

野外运动也称户外运动，户外运动爱好者俗称“驴友”，泛指参加旅游、自助游的朋友。但现在更多地是指背包客，就是那种背着背包、带着帐篷和睡袋穿越、宿营的户外爱好者。在我国开展的主要户外运动包括远足、穿越、登山、攀岩、漂流、越野山地车等。因为可以拥抱自然、挑战自我、锻炼意志以及加强团队合作精神，提高野外生存能力，所以深受青年人的喜爱。

图 3.16　背包客

当我们参加户外运动前必须要做好充分的安排，配备相关的装备。下面给你提供一个野外旅游装备的参考：

- 背包：背包的大小视路程远近而定；
- 鞋子：我们需要充分认识到鞋子的重要性，因为它最直接关系到自己的人身安全；一定要是防滑鞋或登山鞋，普通运动鞋不考虑；
- 内外衣裤：无论季节，一定要长衣长裤；在山上乱草中行走时会很好地保护身体，最好是防水的；
- 帽子：宽檐帽比较好，不仅仅是为了遮阳，有时在山间行走时，也是为了遮避深的乱草，下雨时也很管用；
- 手套：在乱草中和山石中行走时有很大的保护作用，但要注意的一点是手套会带来一种危险，它会降低手的敏感度；
- 帐篷、睡袋及防潮垫：防水指数要好；现在都是玻璃纤维撑杆的，重量一般在

2.5 千克左右；

• 头灯或手电：这是必备的，特别在露营期间，也许还可救命；

• 雨衣：不管长短线，我们途中碰上下雨的可能性都较大，所以有一件雨衣会让我们免去淋雨之苦；

• 火种：最好是防风的；

随身携带火种，千万注意安全：不能在林区内乱扔烟蒂、火柴梗；不能在林区燃放爆竹、焰火；不能在林区内烧火驱兽；不能在林区内烧火取暖、烧烤食物；不能在林区内玩火取乐。

• 刀具：锋利的多功能军刀应该是你的首选，它的锯子和刀有可能是你在户外使用频率最高；而且刀有时可能会与药品配合使用，比如遇到了被蛇咬的情况；

• 指南针：它的重要性毋庸置疑；

• 口哨：集体出游时，是与同伴联系的有效工具；独行时，紧急情况下有救命的作用，但一定要懂得正确使用，要有统一的哨音规定；

• 药品：要有以下常备药品：藿香正气水、红花油、清凉油或风油精、云南白药（粉剂、喷剂）、息斯敏、酒精、红霉素软膏、绷带或纱布、创可贴、蛇药、感冒药等；

• 通讯工具、证件：证件包括身份证及其他证件。

### "迷途知返"的技巧

户外运动或野外生存除了必备一些装备，更重要的还是要具备野外生存的技巧。

**想一想**

你有野外生存的经历吗？你知道野外生存体验需要注意一些什么问题吗？

对于我们未成年的学生来说，参加爬雪山、攀岩、穿越等户外活动的可能性比较小，我们去得较多的是山区。

1. 山区是迷途容易发生的地方

警示录

中考过后的一天，同学小江相约好友相聚，提议到20里外的一座山上游玩，当他们到达目的地后，决定分几个小分队分别从不同的方向向山顶攀登，看谁先把红旗插上山顶。小江和另外两名同学分在一组，他们也是第一次到此地游玩，边高兴地哼着小调，边健步上山，很快就消失在密密的丛林中。经过1个多小时的攀登，峰回路转，山顶清晰可见，可看起来近在咫尺，实际上距顶峰还很远。小江他们又用了将近1个半小时七绕八弯地最终第一个上了顶峰。过了大约半小时，其他小分队纷纷上来了。当大家准备回家时，他们才发现太阳快要落山了，而且前后左右都是陡峭的山石。山道窄小，两侧长满荆棘，原先攀登的山道似乎消失了，他们就像迷途的羔羊，不知道东南西北。经一阵到处乱钻的跋涉后，他们终于明白迷路了。天黑了，夜晚山里的凉意让大家心急如焚，他们身心疲惫，在胆战心惊中度过了漫漫的4个小时。直到小江的父母得知险情后，和其他几位家长一起赶来，在当地群众和救险人员的帮助下，在一个山坳中发现了瑟瑟发抖、蜷缩成一团的几位少年。

登山有益身心健康，能使人与自然和谐交融，但登山也是一项极具危险性的运动，除了应具备良好的体魄外，还要有一定的登山知识和技能。上述案例中的小江和他的同伴是幸运的，他们虽然最终获救，但在不熟悉山路，不知道什么地方有险阻的情况下，一时心血来潮去登山，给自己、家人带来突如其来的担忧，这是不可取的。

我们在山间徒步时，首先要对山体和山沟的走向有所了解，记住行进的大致方向和明显参照物。一般在山区迷途多发生在茂密的丛林中，我们学生一旦迷失方向，要立即停下来，到视野开阔的地方，登高远望，冷静地回忆所走过的道路，用一切可能的方法重新判断方向，然后再寻找出路。

图3.17 登山与野营

在山区迷途最可靠的方法是返回到原出发地，即使找不到出发地，也不能等待施救，因为丛林密布的山区施救人员很难发现失踪者，等待施救就等于坐以待毙。山区迷途通常自救的方法是朝地势低的方向走，这样容易碰到水源、顺河而行最为保险，因为道路、居民点常常是濒水临河而建的。

如果遇到岔路口，道路多而令人无所适从时，首先要明确要去的方向，然后选择正确的道路。若几条道路的方向大致相同，无法判定，则应先走中间那条路，这样可以左右逢源，即便走错了路，也不会偏差太远。

如果在野外露营，晚上不要离开营地太远，以免发生迷途。一旦发生迷途一定要停止下来，在地势高的地方用电筒或点火示警，等待队友的施救。

我们学生假如去旅游探险，在出发前一定要对探险地周边的环境有所了解，记住探险地周边的河流、公路、民居的方位，要注意等待别人施救是下策，也许会失掉逃离危险的时机。

**想一想**　你知道在荒漠中如何“知返”吗？

沙漠和荒原中没有明显的参照物，有时即使有参照物也都很雷同，对没有荒漠徒步经验的人来说很容易失去方向感，当年走遍全国的著名徒步探险者余纯顺虽然积累了许多户外经验，但他毕竟第一次涉足荒漠，加上他过分地自信，拒绝使用 GPS，导致在罗布泊错综复杂的雅丹地貌（风蚀地貌）中不能正确地判断方向，错过预先设定的补给点，付出了生命的代价。

2. 如何在野外寻找水源

我们学生在野外寻找水源时，要注意以下方法：

• 听：多注意山脚、山涧、断崖、盆地、谷底等是否有山溪或瀑布的流水声，有无蛙声和水鸟的叫声等。如果能听到这些声音，说明你已经离有水源的地方不远了，并可证明这里的水源是流动的活水，可以直接饮用；

• 嗅：尽可能地嗅到潮湿气味，或因刮风带过来的泥土腥味及水草的味道，然后沿气味的方向寻找水源；

• 观察：凭着经验和知识也可以找到水源。如山脚下往往会有地下水，低洼处、雨水集中处，以及水库的下游等地下水位都比较高；有青蛙、大蚂蚁、蜗牛居住的地方一般也有水。

在水源紧缺的情况下，要合理安排饮用水，不要为一时口渴而狂饮，喝水也要讲究科学性。如果一次喝个够，身体会将吸收后多余的水分排泄掉，这样就会白白的浪费很多的水。如果在喝水时，一次只喝一两口，然后含在口中慢慢咽下，过一会儿感觉到口渴时再喝一口，慢慢地咽下，这样重复饮水，既可使身体将喝下的水充分吸收，又可解决口舌咽喉的干燥。

3. 野外自救

我们学生在野外迷路后首先不要慌张，在一边求救并等待别人救援的同时，还要有坚强的自救信念，而自救最重要的就是要找准方位。

• 你可以在林中找到一棵树桩，根据它的年轮来识别方向，因为其年轮总是南面的宽而北面的窄；

• 还可以找一棵树，其南侧的枝叶茂盛而北侧的则稀疏；

• 观察蚂蚁的洞穴，洞口大都是朝南的；

• 在岩石众多的地方，学生也可以找一块醒目的岩石来观察，岩石上布满青苔的一面是北侧，干燥光秃的一面为南侧；

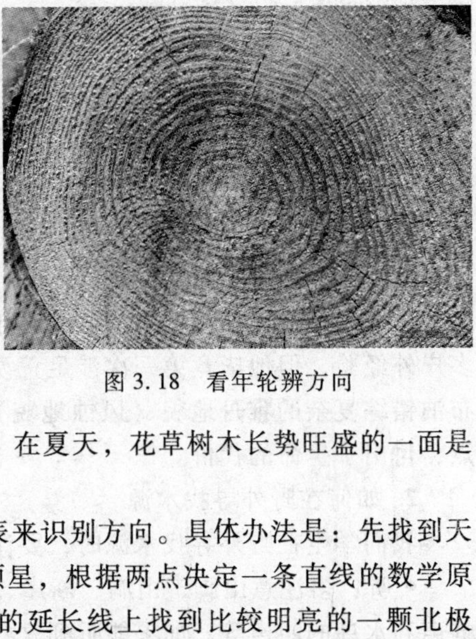

图 3.18　看年轮辨方向

• 看山坡辨别方向，在冬天，积雪少、融化快的一面是南方，积雪多、融化慢的一面是北方。在夏天，花草树木长势旺盛的一面是南方，相反的是北方；

• 如果是在星光灿烂的夜晚，则可以根据星辰来识别方向。具体办法是：先找到天上的北斗星，沿着其“勺柄”，找到第六与第七颗星，根据两点决定一条直线的数学原理，将这两颗星连接成一条直线，并在这条连线的延长线上找到比较明亮的一颗北极星，从“勺柄”到较明亮的那颗北极星，正好指示着从南到北的方向；

• 立竿见影，在地上垂直树立一根杆子，上午影子指向西北，下午影子指向东北，影子最短时是正中午，这时影子指向正北方；

• 我们还可以利用手表来辨识方向，你所处的时间除以 2，再把所得的商数对准太阳，表盘上 12 所指的方向就是北方。比如上午 10 点，除以 2 商数为 5，将表盘上的 5 对准太阳，12 所指的方向就是北方了；如果是下午，应按规定 24 小时计时法计算，下午 4 点，即是 16 点，除以 2 商数是 8，将表盘上的 8 对准太阳，12 所指的方向就是北方。

总之，我们学生要想在户外活动中避免迷途后发生严重后果，首先应该熟练掌握识别地图能力、辨别方向的能力、指南针的使用能力，然后出发前做好出行计划，多收集目标地域的地理人文资料，同时要充分估计风险，遇到险情时正确判断、果断处理。

**我的感悟：**

- 如果你碰到一起触电事故，在情急之下你首先会做什么？应该怎样做？
- 如果溺水者既无呼吸也没脉搏，则需在人工呼吸的基础上进行胸外按压。按压频率为每分钟几次？按压与人工呼吸的比例按照复苏方式应是什么？
- 我们家庭做饭所用燃气属于哪一种？在使用时应注意哪些事项？
- 哪些因素可能造成电梯的超速和坠落？当电梯急速下坠时，电梯里的人应怎么做才能最大限度保全自己的生命？
- 常见的食物中毒主要是什么原因导致的？轻度食物中毒应采取哪些救护措施？
- 创设情境：假如你在密林中迷失方向怎么办？

# 模块四

# 自然灾害篇

**指 南 针**

在人的所有权利当中，“生存”权是第一位的，安全是人们过着一种丰富多彩和有意义生活的最基本条件，但很多时候人们往往不能确保自身的安全，危险总是如影随形。即使在和平时期，关于地震、海啸、洪涝灾害等报到还是经常见诸于报纸电视。2005 年印度洋的海啸笼罩在受难者心头的阴霾仍未散尽，2008 年“5·12”汶川地震再一次震惊世界……

我们无法阻止自然灾害的发生，但可以通过必要的防灾教育和培训避免灾害，将灾害的损失降到最低。本模块主要对地震、雷害、洪涝、台风、海啸、泥石流等自然灾害的发生、如何避险以及自救方法作了一些介绍，将预防措施作为避免一切灾害的首选之策，强调自救与互救，突出安全意识教育，以使我们同学们能生活在一个安全、祥和的社会环境中。

2008 年 5 月 12 日 14 时 28 分 04 秒，8 级强震猝然袭来，大地颤抖，山河移位，满目疮痍，生离死别……西南处，国有殇。这是新中国成立以来破坏性最强、波及范围最大的一次地震。地震重创约 50 万平方公里的中国大地！

截至 2009 年 4 月 25 日 10 时，遇难 69225 人，受伤 374640 人，失踪 17939 人。但是在这次地震中，邻近震中北川县的桑枣中学 8 栋教学楼部分坍塌，全部成为危楼，而 2300 多名师生在地震时从不同的教学楼和教室中，以班级为单位组织，仅用 1 分 36 秒就全部冲到操场上，创造了无一人伤亡的奇迹，而在当时，校长叶志平正在绵阳出差。

**心 语**

为什么在灾区会出现两种截然不同的结果？民政部国家减灾中心副主任王杰秀在接受《中国经济周刊》记者采访时说，造成这种局面的原因除了客观因素之外，更重要的是防灾教育培训在制度上存在缺陷，没有真正的落到实处，少数学校完全是因为学校领导的个人观念在起作用，只有在制度上有保证，才会有全局的效果。也就是说，桑枣中学的奇迹不是偶然的，是因为叶校长经常在学校组织抗震避险演练的结果。

最先提出要建立防灾减灾大部制的北京石油化工学院副研究员罗道全在《中国经济周刊》上指出：现在大、中专院校的应急安全教育并未纳入教育部的考核体系中，目前的预防教育全凭学校的意愿，而大多数学校很少会进行这样的教育和训练。“在很多学校，地震等自然灾害的应急训练几乎没有，气象灾害就更不用说了。有的也只是每学期新生到校时进行消防教育，消防培训的力度大，很重要的原因是地方的公安系统在推动。如果把应急安全教育纳入教育体系来考核，效果肯定是不一样的。”

事实上，早在2006年，国家减灾委和教育部就联合发出《关于在中小学加大防灾救灾知识普及的意见通知》。因此，我们需要在中小学校当中加强对各种自然灾害有关防范和避险自救知识的宣传与教育。

# 主题1

## 山崩地裂之地震

地震，是指由地壳剧烈运动引起的突然而强烈的震动，是世界上最严重的自然灾害之一，其造成的伤亡数占自然灾害死亡人数的一半以上。我国地处全球两大地震带之间，是一个多震国家，也是世界上陆地地震灾害最为严重的国家，发生地震次数约占全球的33%。

通常情况下，我们经常用地震震级来衡量地震强度大小。地震震级是根据地震时释放的能量的多少来划分的，震级越高，四方的能量也越多。震级每增加一度，能量约增加30倍。

图4.1　汶川地震的灾难场面

## 地震前兆

地震前，在自然界发生的与地震有关部门的异常现象，我们称之为地震前兆。其常见的地震前兆现象有：

- 地壳变形；
- 地下水异常变化：天大旱时地下水猛涨，多雨季节时地下水猛降，没有水井之地水大量涌出，有水井之地水急剧下降，地下水突然变浑、变苦、变咸、变甜或变臭，水常常冒泡、翻花、打旋；

井水是个宝，地震有前兆。无雨泉水浑，天干井水冒。
水位升降大，翻花冒气泡。有的变颜色，有的变味道。

- 地震前，动物异常：如大量老鼠白天在外活动，猫、狗等因为恐慌狂犬大叫；大量鱼跃出水面，大批青蛙上岸活动；家禽没有食欲，家里出现大量蟑螂、蟾蜍、蚂蚁；牛、马不进圈；鸽子、野鸭不同巢；冰天雪地蛇出洞等；
- 地震前夕，许多植物也会出现异常现象，比如冬天发芽开花，或者出现大面积枯萎或异常繁荣；
- 地光：其光是五光十色的，蓝里发白，较多像电焊火光那种颜色，红色、紫红色的也不少，白、黄、橙、绿等色的也有，此外，还有平时少见的复合色；
- 地声：是由于震前地下岩石错动，产生大量小裂缝而发出高频的地震波。地震前10分钟会听见地声，像石头在相互摩擦。如果地声不断，突然出现变声，说明几分钟之内即将发生大地震，临震前十几秒声音更大。

自然界中出现的种种反常现象很多，并非都是地震前兆，因此注意识别真伪，并及时向地震部门报告。

## 避震与救护

在发生破坏性地震的地区，从地震发生到建筑物被破坏平均只有12秒钟，在这短短的时间内，每个人都必须根据所处的环境迅速作出抉择。

想一想　地震发生时，我们应该是跑还是躲？

1. 科学避震

• 在学校如何避震。

（1）学生在平房教室遭遇地震时，我们应迅速有秩序地从门窗逃出教室，集中到开阔安全地带；

（2）学生在高楼房教室遭遇地震时，不要乱跑或跳楼，我们应迅速蹲下，抱头、闭眼，躲在课桌旁边。地震后，有组织地撤离教室，到附近的开阔地带避震；

（3）在操场或室外的学生，应迅速观察当地状况，或原地蹲下，双手抱头，或避开危险物、高大树木和建筑物。

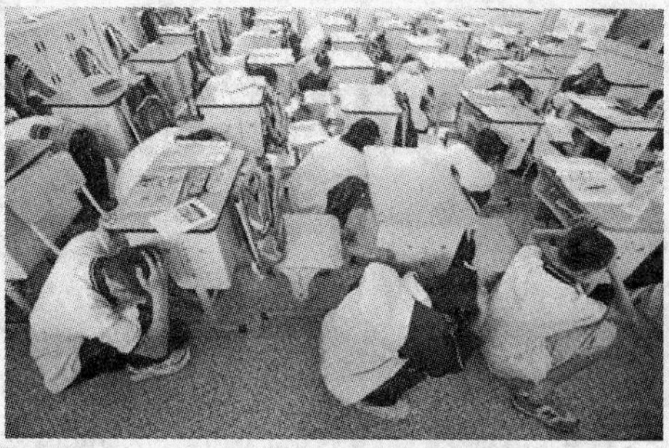

图 4. 2　科学合理避震

• 在家里如何避震。

（1）地震预警时间短暂，室内避震更具有现实性，而室内房屋倒塌后形成的三角空间，往往是人们得以幸存的相对安全地点，可称其为避震空间。这主要是指大块倒塌体与支撑物构成的空间；

想一想　室内有哪些地方易于形成三角空间？

（2）不要去阳台，不要跳楼，不要跑到楼道等人员拥挤的地方，更不要使用电梯；

（3）不可躲在桌子或床铺下，也不要躲进箱子或柜子里，应迅速趴下，卷曲身体，降低重心躲在墙根、墙脚或坚固家具旁，注意保护头部，同时闭上眼睛和嘴巴，用湿毛巾捂住口鼻；

（4）迅速跑到厨房或厕所躲避，一是因为那里空间相对狭小，容易形成避震空间；二是那里可能会有充足的食物和水，有利维持生命。

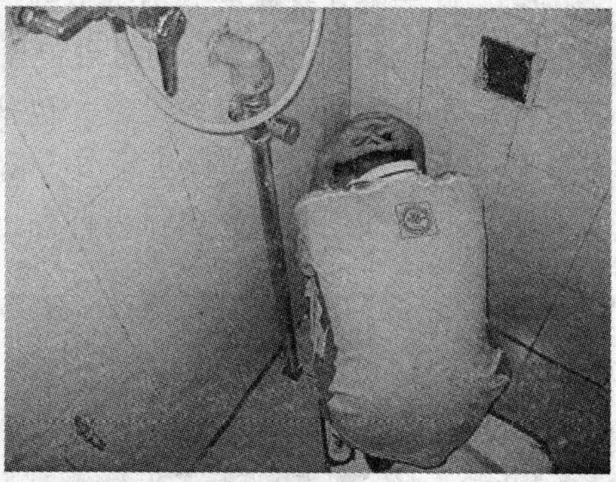

图 4. 3　寻找相对安全之地避险

目前，科技手段无法测出地震发生的具体时间，因此我们要学会未雨绸缪，提前做好应急准备，以便大地震时逃生。如，准备一个应急包，包内备有：可供两三天食用的压缩饼干、瓶装水、急救绷带、外伤常用药、哨子、多用刀具、小锤子、手电筒、雨衣、手套、保温毯等。

• 在公共场所如何避震。

（1）在会场、体育馆、展览馆、影剧院等场所遭遇地震时，千万不要拥挤，避免因相互挤压而导致人员伤亡；

（2）地震时，就地蹲下或躲在椅子及坚固物体旁边，注意避开悬挂物，用包或手护住头部；

（3）乘坐电梯时，要迅速将电梯操作盘上各楼层的按钮全部按下，电梯一旦停下，便迅速离开。如果被困在电梯里时，应立即按下电梯内部的紧急呼叫按钮，手机有信号的话，还可用手机求助，千万不要用蛮力硬撬。

图 4.4　熟悉公共场所安全标志

2. 我来救护

• 自救。

（1）保持镇静，分析所处环境，寻找出路，等待救援；

（2）设法避开身体上方不结实的倒塌物、悬挂物或其他危险物；设法用砖石、木棍等支撑残垣断壁，以防余震时再被埋压；

（3）不要随便动用室内设施，包括电源，水源等，也不要使用明火；闻到煤气及有毒异味或灰尘太大时，设法用湿衣物捂住口、鼻；

（4）开放性创伤，外出血应首先止血，保持创面清洁，抬高患肢，同时呼救。

大声喊叫，会加速新陈代谢，增加氧消耗，使体力下降；同时也会吸入大量烟尘，易造成窒息，增加不必要的伤亡。因此，在判断附近没有人会听见你叫喊时，要避免无畏的体力消耗。

• 救护他人。

救人原则：先救近，后救远；先救易，后救难；

救人方法：

（1）挖掘被埋压人员时应保护支撑物，以防进一步倒塌伤人；

（2）对埋在瓦砾中的幸存者，先建立通风孔道，以防缺氧窒息；

（3）被压者不能自行爬出时，不可生拉硬扯，以免造成进一步受伤；脊椎损伤者，搬运时，应用门板或硬担架；

（4）当把被埋时间较长者救出时，一定要马上用毛巾或布蒙住其眼睛，以防突然受到光线刺激而损伤眼睛；

（5）从瓦砾中救出伤员后及时检查伤情，遇颅脑外伤、神志不清、血压下降、大出血等危重症时，应优先救护，并尽快送医院。

（6）当发现一时无法救出的存活者，应立下标记，以待救援。

对开放性骨折，不应做现场复位，以防止组织再度受伤，一般用清洁纱布覆盖创面，做简单固定后再进行运转。对大面积创伤和严重伤者，可补充口服糖盐水，及时送往医院。

**我的感悟：**

# 主题 2

## 不可小视的雷害

雷电是雷雨云产生的一种强烈放电现象，其电压高达1亿~10亿伏特，电流达几万安培，同时还放出大量热能，瞬间温度可达1万摄氏度以上，此能量可摧毁高楼大厦，可劈开大树以及击伤人畜。夏季冒雨行走或在破裂电线旁，易被雷击，特别是在衣服被雨淋湿时，更容易被雷击。因此，我们有必要学习如何预防雷击和雷击伤急救等知识。

图 4.5　雷电的危害性不可小视

## 雷击伤

警示录

2005年6月24日上午10时，乌云密布电闪雷鸣，一场倾盆大雨转瞬而至。沈阳化工学院自动化管理专业学生小孙举着雨伞，与同学们快步走在空旷的操场上。这名男生正准备去体育馆上游泳课。“我刚走到体育馆门前，便感觉身体一震，顿时失去了知觉”，事后小孙如是说。当时一道“白光”从天而降，将小孙当场击倒在地。

电子工程专业学生小刘、小任正站在小孙身旁。他们同样没有能够幸免，也被雷电击中身体。转瞬之间，三名男生倒地不起。一些学生目击了事件的全过程，他们都被吓坏了。一名同学心有余悸地向记者回忆当时的情况：“我感觉眼前突然一闪，他们便倒在我的面前。事情发生得太突然，我根本看不清楚发生了什么。”小孙的身体被烧伤，散发着刺鼻的煳味。尽管没有外伤，小刘、小任却始终昏迷不醒。

“有人遭到电击，同学们快来帮忙！”体育老师闻讯赶到，组织同学们将三名伤者抬入体育馆。一名老师随即拨打120急救电话，校医们则对伤者展开心肺复苏等抢救。经过十余次胸前叩压，小孙等人相继睁开了眼睛。几分钟后，一辆救护车呼啸而至，将三名伤者送至医院。

小孙等三位同学的遭遇有偶然的因素，但也有不注意防范雷击危害的原因。春夏季节雷电灾害频发，我们需要了解一些预防雷击的常识，保护自己的生命。如，在雷雨天不应在室外走动，身上不带金属物（刀具、手机等），我们学生经常在雷雨天开着手机甚至打手机，这极易引起雷击。

雷击伤是指一定量的电流或电能量通过人体，引起局部或全身各脏器的损伤。当人被雷直接或间接击中时，其症状表现为：皮肤被烧焦，骨膜或内脏被震裂，心室颤动，心跳停止，呼吸肌麻木等。

### 避险与救护

如何才能避免或减少雷击伤亡，保障同学们的生命安全呢？据专家介绍，雷击导致人员伤亡，主要发生在旷野，在建筑物附近和室内也时有发生。那么，怎样防范雷击的伤害呢？

1. 室内避险

- 不能停留在楼（屋）顶；
- 注意关闭门窗。因为在打雷时，可能会出现球雷即球状闪电，球状闪电也俗称滚地雷，就是一个呈圆球形的闪电球。对钢筋水泥框架结构的建筑物来说，关闭门窗可以预防侧击雷或球雷的侵入。大多数球雷沿建筑物的烟囱、窗户、门进入室内，在室内运动数秒钟便逸出，逸出时易引起爆炸；

- 在雷击时不宜接近建筑物的裸露金属物，如水管、暖气管、煤气管等，更应远离专门的避雷针引下线；
- 雷雨时，禁用家用电器，最好将插头拔掉。

2. 室外避险

- 在雷电交加时，感到皮肤刺痛或头发竖起，是雷电将要击中你的先兆，这时应立即蹲下，双脚并拢，双臂抱膝，头部下俯，可避免雷击；
- 打雷时，应迅速到就近建筑物内躲避；无处躲避时，要将手表、眼镜等金属物品摘掉；蹲下防雷击或在低洼处躲避；
- 不宜在室外游泳池、湖泊海滨游泳；
- 不宜开摩托车、骑自行车；
- 不宜躲在大树下；
- 不宜进行户外球类运动；
- 在空旷场地不宜打伞，不宜把金属工具、羽毛球拍等扛在肩上。

**警示录**

1998 年 5 月 17 日上午，一对在广东中山市打工的河南籍夫妇冒雨骑车而行，经过一桥面时，突遭雷击，夫妇二人均被击死，当时坐在后座的妻子手持一金属柄雨伞，雷电由伞尖导下，自行车后轮严重损毁，水泥桥面都被打了一个深 5 厘米、面积近 200 平方厘米的坑。

**想一想**

为什么打雷时不能在雨中狂奔？

3. 我来救护

雷电伤人主要是强大的雷电电流的作用，如果雷电击中头部，并且通过躯体传到地面，会使人的神经和心脏麻痹，很可能致命。人受雷电电流冲击后，心脏不是停止跳动，就是跳动速率极不规则，发生颤动，往往会出现“假死”状态，此时，应采取紧急措施进行抢救。

- 若伤者神志清醒，呼吸心跳均自主，应让伤者就地平卧，严密观察，并暂时不要让伤者站立或走动，防止继发休克或心衰；

• 若伤者丧失意识，应立即叫救护车，并尝试唤醒伤者；

• 呼吸停止、心搏存在者，应让其就地平卧，解松衣扣、腰带等，使气道通畅，并立即进行口对口人工呼吸；

• 心搏停止、呼吸存在者，应立即作胸外心脏按压人工呼吸；

• 若发现伤者心跳、呼吸均已停止，应立即同时进行口对口人工呼吸和胸外心脏按压等人工呼吸措施；

• 若伤者遭受雷击后引起衣服着火，此时应叫伤者马上躺下，以使火焰不致烧伤面部，并迅速往伤者身上泼水，或用厚外衣、毯子等把伤者裹住，以扑灭火焰。

现场抢救中，不要随意移动伤者，若确需移动时，抢救中断时间不应超过30秒，一般抢救时间不得少于60~90分钟，直到使被雷击者恢复呼吸、心跳、或确诊已无生还希望为止。

**我的感悟：**

______________________________

______________________________

______________________________

______________________________

## 主题3

# "洪兽"来时不慌张

水灾一般是由河流湖泊和水库遭受暴风雨侵袭而直接引起。海底地震、飓风和反常大浪、大潮以及堤坝塌陷等也都有可能造成水灾发生。近些年来，水灾在我国频频发生，灾情每年给我国经济造成了严重的损失，人员伤亡也十分惨重。

警示录

1998年我国发生了历史上罕见的洪水灾害，特别是长江，发生了1954年以来又一次全流域型的大洪水；东北的嫩江和松花江也出现了特大洪水。在党中央、国务院直接领导和关怀下，数百万军民同洪水作了殊死的搏斗，抗御了一次又一次的洪水袭击，终于保住了重要堤防，保住了重要城市和主要交通干线，保护了人民的生命安全，最终取得了抗洪抢险的全面胜利。但这次洪灾造成了严重的生命财产损失。据统计，长江流域的洪灾损失为：农作物受灾1080.7公顷，绝收251.5万公顷；受灾10169.2万人，死亡人口2140人，伤病人口1522436人，紧急转移1044.7万人；倒塌房屋350万间，损坏房屋732万间，死亡牲畜175.7万头；直接经济损失1450.9亿元。

面对频繁无情的水灾，我们不畏艰难险阻的精神和坚韧不拔的毅力是难能可贵的。但是在灾难面前，在水患威胁面前，对于自己，懂得如何救护，就显得极为重要和必要。

## 洪水到来之前的准备

- 根据当地电视、广播等媒体提供的洪水信息，结合自己所处的位置和条件，冷静地选择最佳路线撤离，避免出现“人未走水先到”的被动局面；
- 认清路标，明确撤离的路线和目的地，避免因为惊慌而走错路；
- 洪水到来之前，要关掉煤气阀和电源总开关，以防电线浸水而漏电失火、伤人；
- 听从家长或学校的组织与安排，进行必要的防洪准备，或是撤退到相对安全的地方，如防洪大坝上或是当地地势较高的地区。

图4.6　随时知晓洪水信息

## 避险与救护

1. 自救

- 尽量利用一些不怕洪水冲走的材料，如沙袋、石堆等堵住房屋门槛的缝隙，减少水的漫入，或是躲到屋顶避水。房屋不够坚固的，要自制木（竹）筏，搜集木盆、木材、大件泡沫塑料等适合漂浮的材料以便逃生，或是攀上大树避难；
- 如果被水冲走或落入水中，首先要保持镇定，尽量抓住水中漂流的木板、箱子、衣柜等物。如果离岸较远，周围又没有其他人或船舶，就不要盲目游动，以免体力消耗殆尽；
- 备足速食食品或蒸煮够食用几天的食品，准备足够的饮用水和日用品；
- 收集一切可用来发求救信号的物品，如手电筒、哨子、旗帜、鲜艳的床单、布

图 4.7　因陋就简，洪水中求生

缎，沾油破布（用以焚烧）等。及时发求救信号，以争取被营救，保存好尚能使用的通讯设备。

千万不要渡河逃生，以防止被山洪冲走；发现高压线铁塔倾斜或者电线断头下垂时，一定要迅速远避，防止直接触电或因地面“跨步电压”触电。

2. 救护他人

• 水上救护。

对神志清醒的溺水者，抢救人员应从背后接近，用手从背后抱住溺水者的头，另一只手抓住其手臂，游向岸边。对筋疲力尽的溺水者，抢救人员可从头部接近施救。要防止抢救人员被溺水者死死抱住而双双发生危险。

• 岸上救护。

迅速用手指抠出溺水者口、鼻中的污泥、杂草或呕吐物，以保证呼吸道畅通；使溺水者吐出吸入的水，立即进行人工呼吸，心跳停止者施行胸外心脏按压；湿衣服吸收体温，妨碍胸部扩张，抢救时应脱去浸湿的衣裤；进行人工呼吸后，若心跳恢复，应立即转运至医院抢救。

**灾后防病**

暴雨过后，我们重点要做好预防肠道传染病、食物中毒的发生，保护水源和饮用水的消毒，同时搞好环境卫生，消灭蚊蝇鼠害，把各种可能发生的疫情消灭在爆发、流行之前。

● 及时清理灾后垃圾；

● 保持环境卫生，严防疾病发生和流行；

● 管好自己的饮食，吃熟食，不吃变质食品，剩饭剩菜要煮透后再吃，不喝生水；

● 讲究个人卫生，养成饭前便后洗手的好习惯。一旦发生呕吐、腹泻等症状，要及时到医院肠道门诊就诊。

**我的感悟：**

# 主题4

## 铺天盖地之台风

台风，是一种热带气旋。所谓热带气旋，是指发生在热带或副热带洋面上急速旋转的低压涡旋，常伴有狂风、暴雨和风暴潮。

图 4.8　台风的巨大破坏力

台风是我国沿海地区，特别是广东、福建、浙江、江苏、上海等地经常出现的一种气象灾难，其发生有明显的季节性。台风来临时不但有强大的风暴，还夹带暴雨，范围可达1000多平方公里。不过，台风是有规律的，甚至每年的行进路线都差不多，所以外出旅游时，一定要多听天气预报，尽量躲开台风行进路线。然而，也有不少台风是飘忽不定的，来去均无规则，但气象台会在这种台风来临前24小时发布预告。

## 台风预警信号

台风预警信号分五级，分别以白色、蓝色、黄色、橙色和红色表示。

• 白色预警信号：48小时内可能受热带气旋影响；

• 蓝色预警信号：24小时内可能受热带气旋影响，平均风力可达6级以上，或阵风7级以上；或者已经受热带气旋影响，平均风力为6～7级，或阵风7～8级并可能持续；

• 黄色预警信号：24小时内可能受热带气旋影响，平均风力可达8级以上，或阵风9级以上；或者已经受热带气旋影响，平均风力为8～9级，或阵风9～10级并可能持续；

• 橙色预警信号：12小时内可能受热带气旋影响，平均风力可达10级以上，或阵风11级以上；或者已经受热带气旋影响，平均风力为10～11级，或阵风11～12级并可能持续；

• 红色预警信号：12小时内可能或者已经受台风影响，平均风力可达12级以上，或者已达12级以上并可能持续。

**想一想** 台风有强大的破坏力，我们该如何应对？

## 避险与预防

1. 室内避险

• 关好窗户，检查门窗是否坚固，在窗玻璃上用胶布贴成“米”字图形，以防窗玻璃破碎伤害人身；

• 检查电路、炉火、煤气等设施是否安全；

• 台风来临前，应准备好手电筒、收音机、食物、饮用水及常用药品等，以备急需；

• 强台风风力减小后，一定要在房子里或原先的藏身处多待一段时间，因为此时可能是台风眼经过，后面还会有狂风暴雨袭来。

2. 室外防范

• 妥善安置易受台风影响的室外物品，要及时搬移屋顶、窗口、阳台处的花盆、悬吊物等；加固户外电线、室外天线等；

• 如果正在骑车或驾车，则应立即到地下停车场或隐蔽处躲避；

图 4.9　危险的“搏斗”

• 不要去台风经过的地区旅游，更不要在台风影响期间到海滩游泳或驾船出海；

• 不要在大树、草棚或其他简易建筑物旁逗留，以防砸伤；

• 不要躲在广告牌或玻璃幕墙的大楼下，防止被倒塌的广告牌或脱落的玻璃伤害；

• 行走应避开高层建筑，避免被高空坠物击伤，并注意来往车辆，防止发生交通事故。

**我的感悟：**

## 主题 5

# 波涛汹涌之海啸

警示录

2004 年 12 月 26 日上午，在印度尼西亚苏门答腊岛西南印度洋深海下的地壳运动发生突变，形成了地球历史上有地震记录以来的第三大的地震海啸。这次巨震，在几秒之内，使海洋底部突然出现了一个百公里宽、上千公里长、几米深的大坑。由此而来的剧烈海水震荡，相当于 100 万枚投在日本广岛原子弹的能量。瞬间，人和岸边的一切就消失在巨浪之中了。

图 4.10　海啸过后一片狼藉

**海啸及前兆**

海啸是一种具有强大破坏力的海水剧烈运动。海底地震、火山爆发、水下塌陷和滑坡等都可能引起海啸。其中海底地震是海啸发生的最主要原因，历史上的特大海啸都是由海底地震引起的。

海啸所引发的狂涛骇浪，汹涌澎湃，它卷起的海涛，波高可达数十米。这种“水墙”内含极大的能量，冲上陆地后所向披靡，往往造成对生命和财产的严重摧残。1960 年 5 月 23 日智利大海啸形成的波涛，移动了上万公里仍不减雄风，足见它的巨大威力。

**警示录**

2004 年 12 月 26 日，来自英国萨里郡奥克斯肖特市的 10 岁小女孩蒂莉·史密斯正和自己的母亲在泰国海滩上游玩。圣诞节前两周，蒂莉正好在学校上过一堂地理课，地理课老师讲的也正好是有关海啸的知识，因此当第一波很小的海啸波浪抵达泰国海岸时，蒂莉立刻意识到更大的海啸波浪将在后面，会将海滩和低地上的建筑彻底淹没。于是她立刻跑到母亲跟前，告诉母亲她们即将面临的危险。母亲听了后，立即向海滩上的 100 多名游客发出警告。游客们刚刚离开海滩，撤退到高地上，只见惊天海啸就奔涌而来，一瞬间就淹没了他们刚才待过的地方。

小蒂莉根据海啸“先退潮后涨潮”的规律，判断出海啸的先兆，提醒大家逃生。

其实许多情况下，救我们于危难的，恰好是对知识的尊重。

常见的海啸登陆前兆现象大致有四种：一是海水异常的暴退或暴涨；二是离海岸不远的浅海区，海面突然变成白色，其前方出现一道长长的明亮的水墙；三是位于浅海区的船只突然剧烈地上下颠簸；四是突然从海上传来异常的巨大响声，在夜间尤为令人警觉。

**想一想**

海啸产生时，为什么会有这些现象，海啸究竟是怎么形成的呢？

海水越深，海啸波速度越快，海水越浅，海啸波速度越慢。当海啸波由远离海岸的深海区，进入海岸附近的浅海区后，波速便急剧降下来，后面的波速依然很快，后波就追上了前波，前后波相叠加，便使波浪的高度倍增，形成几米、甚至几十米高的巨浪。因此，在离海岸不远的浅海区深蓝色海面就会突然变成白色，并在其前方出现一道长长的明亮的水墙；位于浅海区的船只就会突然剧烈地上下颠簸起来；海面上也会响起巨大的、惊人的、可怕的咆哮声。四种前兆现象，是海啸临近的标志，是灾难预警信号，它警示人们：海啸即将登陆，要生存，赶快向高处逃跑，否则，长则十几分钟，短则几分钟，甚至只有几十秒，就会被巨浪吞没。

## 避险与救护

1. 海啸前避险

• 地震海啸发生的最早信号是地面强烈震动，地震波与海啸的到达有一个时间差，正好有利于人们预防。地震是海啸的“排头兵”，如果感觉到较强的震动，就不要靠近海边、江河的入海口。如果听到有关附近地震的报告，要做好防海啸的准备。要记住，海啸有时会在地震发生几小时后到达离震源上千公里远的地方；

• 如果发现潮汐突然反常涨落，海平面显著下降或者有巨浪袭来，并且有大量的水泡冒出，都应以最快速度撤离岸边；

• 海啸前海水异常退去时往往会把鱼虾等许多海生动物留在浅滩，场面蔚为壮观。此时千万不要前去捡鱼或看热闹，应当迅速离开海岸，向内陆高处转移。

2. 发生海啸时避险

• 发生海啸时，航行在海上的船只不可以回港或靠岸，应该马上驶向深海区，深海区相对于海岸更为安全；因为海啸在海港中造成的落差和湍流非常危险，船主应该在海啸到来前把船开到开阔海面；如果没有时间开出海港，所有人都要撤离停泊在海港里的船只；

• 海啸登陆时海水往往明显升高或降低，如果看到海面后退速度异常快，立刻撤离到内陆地势较高的地方。

3. 我来救护

● 自救。

(1) 如果在海啸时不幸落水，要尽量抓住木板等漂浮物，同时注意避免与其他硬物碰撞；

(2) 在水中不要举手，也不要乱挣扎，尽量减少动作，能浮在水面随波漂流即可。这样既可以避免下沉，又能够减少体能的无谓消耗；

(3) 如果海水温度偏低，不要脱衣服；

(4) 尽量不要游泳，以防体内热量过快散失；

(5) 尽可能向其他落水者靠拢，既便于相互帮助和鼓励，又因为目标扩大更容易被救援人员发现。

不能喝海水，海水不仅不能解渴，反而会让人出现幻觉，导致精神失常甚至死亡。

● 救护他人。

(1) 人在海水中长时间浸泡，热量散失会造成体温下降。溺水者被救上岸后，最好能放在温水里恢复体温，没有条件时也应尽量裹上被、毯、大衣等保温；注意不要采取局部加温或按摩的办法，更不能给落水者饮酒，饮酒只能使热量更快散失；给落水者适当喝一些糖水有好处，可以补充体内的水分和能量；

(2) 如果落水者受伤，应采取止血、包扎、固定等急救措施，重伤员则要及时送医院救治；

(3) 要记住及时清除落水者鼻腔、口腔和腹内的吸入物；具体方法是：将落水者的肚子放在你的大腿上，从后背按压，将海水等吸入物倒出；如心跳、呼吸停止，则应立即交替进行口对口人工呼吸和心脏挤压。

**我的感悟：**

# 主题6

## 横冲直撞泥石流

警示录

1970年南美秘鲁的安第斯山发生冰川泥石流，3000多万立方米的冰雪泥石冲入容加依城，顷刻间全城被彻底摧毁，3万居民全部遇难。

2008年11月2日凌晨，云南省楚雄彝族自治州楚雄市发生特大泥石流灾害，造成该市西舍路乡下辖的新华、保甸、岔河、朵苴4个村发生严重山体滑坡，此次泥石流造成楚雄市15个乡镇，150个村，1975个村民小组，16万余人不同程度受灾，并造成21人死亡，39人失踪，17人受伤。

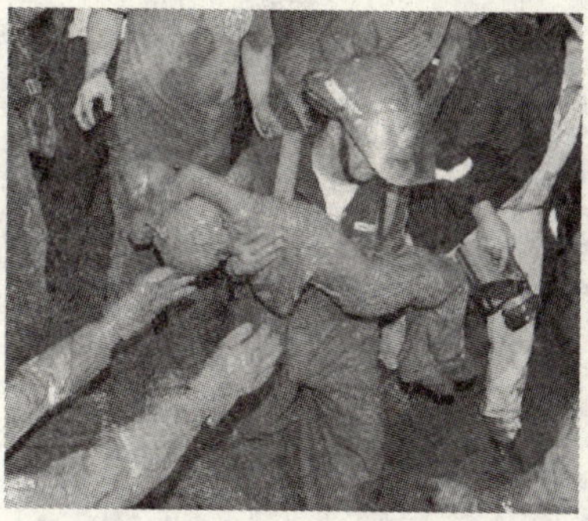

图4.11　鲜活的小生命瞬间陨落

泥石流是山区沟谷或斜坡上由暴雨、冰雪消融等引发的含有大量泥沙、石块、巨石的特殊洪流。泥石流常与山洪相伴，其来势凶猛，在很短时间里，大量泥石横冲直撞出沟外，并在沟口堆积起来。

### 泥石流发生的规律

泥石流、滑坡、崩塌的发生其实是有迹可循的。坡度较陡或坡体成孤立山嘴或为凹形陡坡、坡体上有明显的裂缝、坡体前部存在临空空间、或有崩塌物，这说明曾经发生过滑坡或崩塌，今后还可能再次发生；河流突然断流或水势突然加大，并夹有较多柴草、树木，深谷或沟内传来类似火车的轰鸣或闷雷般的声音，沟谷深处突然变得昏暗，还有轻微震动感，这些迹象都能确认沟谷上游已发生泥石流。

1. 季节性

我国泥石流的爆发主要是受连续降雨、暴雨，尤其是特大暴雨集中降雨的激发。因此，泥石流发生的时间规律与集中降雨时间规律相一致，具有明显的季节性，一般发生在多雨的夏秋季节。

2. 周期性

泥石流的发生受暴雨、洪水、地震的影响，而暴雨、洪水、地震总是周期性地出现。因此，泥石流的发生和发展也具有一定的周期性，且其活动周期与暴雨、洪水、地震的活动周期大体相一致。当暴雨、洪水两者的活动周期相叠加时，常常形成泥石流活动的一个高潮。

警示录

云南省东川地区在1966年是近十几年的强震期，使东川泥石流的发生加剧。仅东川铁路在1970～1981年的11年中就发生泥石流灾害250余次。又如1981年，东川达德线泥石流、成昆铁路利子伊达泥石流、宝成铁路、宝天铁路的泥石流，都是在大周期暴雨的情况下发生的。

**避险与救护**

山地灾害来势凶猛、威力无比，远比洪水来得突然，也更加惨烈。所以，远离灾害、避开险境是最好的防灾方法。我们前往山区沟谷旅游，一定事先要了解当地的近期天气实况和未来数日的天气预报及地质灾害气象预报。游客应尽量避免大雨天或连续阴雨天前往这些景区旅游。如恰逢恶劣天气，宁可蒙受经济损失、调整旅游路线，也不可贸然前往。

警示录

2003年7月12日凌晨1时，四川甘孜藏族自治州丹巴县巴底乡邛山沟突发特大泥石流灾害，造成51人失踪和死亡（包括5名上海游客）。

泥石流灾害发生后，中科院成都山地所专家考察后认为，造成这次泥石流灾难除不可抗拒的自然力量外，一个主要原因是当地民众的泥石流防灾意识非常薄弱，自我保护和自救能力太差。邛山二村等几个村寨竟建筑在大面积的泥石堆积地上；村寨距沟口4.2公里，泥石流在这4.2公里运动过程中有宝贵的20分钟避灾时间。然而由于缺乏通讯设备而无法联系，使沟口的村民和旅游者来不及撤离；有的人还顺着泥石流前进的方向避让而致使厄运难逃。

丹巴泥石流灾害又一次提醒我们，应大力开展以泥石流、滑坡为主的山地灾害的科普教育，加强游客的防灾减灾意识，提高民众的自我保护和自救能力。

想一想　当泥石流发生时，我们该往哪个方向奔跑逃生？

1. 自救

如果我们正在沟谷内逗留或活动时，或者我们正在山区旅游时，不幸遇上泥石流，切不可惊慌，必须遵循规律采取以下应急避险措施：

- 注意观察周围环境，特别留意是否听到远处山谷传来打雷般声响，如听到要高度警惕，这很可能是泥石流将至的征兆；
- 根据各种现象判断泥石流发生之后应立即逃逸，选择最短最安全的路径向沟谷两侧与泥石流成垂直方向的山坡或高地跑，切忌顺着泥石流前进方向奔跑；
- 不要停留在坡度大，土层厚的凹处；不要上树躲避，因泥石流可扫除沿途一切障碍；
- 避开河（沟）道弯曲的凹岸或地方狭小高度又低的凸岸；
- 不要躲在陡峻山体下，防止坡面泥石流或崩塌的发生；
- 长时间降雨或暴雨渐小之后或雨刚停不能马上返回危险区，泥石流常滞后于降雨暴发；
- 白天降雨较多后，晚上或夜间密切注意雨情，最好提前转移、撤离；
- 人们在山区沟谷中游玩时，切忌在沟道处或沟内的低平处搭建宿营棚。游客切忌在危岩附近停留，不能在凹形陡坡危岩突出的地方避雨、休息和穿行，不能攀登危岩。

野外扎营时，要选择平整的高地作为营址，尽量避开有滚石和大量堆积物的山坡下或山谷、沟底。

2. 救护他人

泥石流对人的伤害主要是泥浆使人窒息。为此，将压埋在泥浆或倒塌建筑物中的伤员救出后，应立即清除口、鼻、咽喉内的泥土及痰、血等，排除体内的污水；对昏迷的伤员，应将其平躺，头后仰，将舌头牵出，尽量保持呼吸道的畅通，必要时做人工呼吸或心肺复苏；如有外伤应采取止血、包扎、固定等方法处理，然后转送急救站。

**我的感悟：**

一、充分利用网络资源收集19世纪以来，全球8级以上地震灾害的发生时间、地点、灾害破坏程度、抗震救灾情况等资料。

分析比较各国在震前、震中、震后不同时期是如何采取措施将地震灾害对人类的伤害降到最低的。

二、雷雨临空你应该躲到哪里去？

活动内容：分组抽签演示在不同的场景，同学们应遵循哪些原则进行避雷？

场景1：在家里和教室里；

场景2：体育场上；

场景3：空旷的田野上；

场景4：郊外，如树林里、湖畔，等等。

作业评价：老师根据各组完成情况和质量给出等级评价。

三、根据长江流域20世纪50年代与90年代森林覆盖率、水土流失面积、洞庭湖与鄱阳湖湖泊面积等资料，学生分组讨论，运用自己所学到的知识分析1998年洪灾的人为原因及其防治措施。

四、有人说台风百害而无一利，你认为对吗？讨论、总结台风的有利影响和有害影响，并举例说明。

# 模块五

# 人为侵害篇

**指南针**

《中华人民共和国未成年人保护法》颁布至今已有13个年头了，我国在保护未成年人合法权益方面取得了长足的进展，形成了家庭、学校、社会等多层次的保护网络。但是，凡事都有不尽如人意的地方。在我国近四亿未成年人中，中学生是一个比较特殊的群体，也是一个弱势群体。他们身心都尚处于成长发展阶段，对事物抵御性弱，人格可塑性强，具有独立意识，但是还没有足够的能力来对抗随时可能发生的危险。

从现状上看，学生面临的侵害比成年人还要多，并且具有隐蔽性。学生在面对侵害的时候，往往表现出错误的对抗方式。因此正确的预防方法和预防技能的普及，对于学生防御被害是很重要的。

本模块介绍了道路交通事故、盗窃、抢夺、抢劫、敲诈勒索、网络危害、黄赌毒的危害的防范及自救办法，试图找出一些可以有效降低学生受害可能的对策，并对女生防范性骚扰的办法及识别求职中的陷阱作了相关介绍，目的是让同学们能够在日常的生活中时时刻刻渗透“关爱生命、敬畏生命”的意识，让同学们远离人为伤害，为同学们的健康安全保驾护航。

冬季的海门，早晨7点30分，赶着到学校上课的李冰把自行车蹬得飞快。眼看就要迟到了，可偏偏十字路口的红灯亮了，李冰看看马路上来往的车辆不多，就决定冲过去。当他正急速冲至路中央时，一辆出租车突然驶到眼前，只听“嘭”的一声，他被撞得飞了出去，倒在血泊中。

**心 语**

在各种交通工具带给我们高速便捷的同时，灾难也频频发生。统计数据显示，我国交通事故死亡的人数已经连续十多年居世界第一。据公安部网站消息，2008年，全国共发生道路交通事故265204起，造成73484人死亡，304919人受伤，直接财产损失10.1亿元。而青少年是交通事故中最容易受伤害的群体之一，每天大约有47个青少年死于交通事故。因此，掌握预防交通事故发生以及在交通事故发生时保护自己的本领，是每个青少年成长过程中的重要一课。

# 主题1

## 道路交通事故的避险法则与自救

随着我国国民经济的发展，人民生活水平的提高，越来越多的家庭拥有了私家车。然而，道路交通安全形势却越来越严峻，道路交通事故，特别是群死群伤的重大特大交通事故逐年上升，给国家财产和人民群众的生命、财产安全带来严重的损害。

我国的《道路交通安全法》已于2004年5月1日起施行了，这是我国人民生活中的一件大事。因为它与人们的日常出行紧密相关，与人们的有序通行和人身安全密不可分。

### 道路通行之一二

1. 道路交通信号。

所谓道路交通信号，是指指挥车辆和行人在前进、停止或者转弯，向车辆驾驶人和行人提供各种交通信息，对道路上的交通流量进行调节、控制和疏导的以光色信号、图形、文字或者手势表示的特定信号。

道路交通信号包括交通信号灯、交通标志、交通标线和交通警察的指挥。

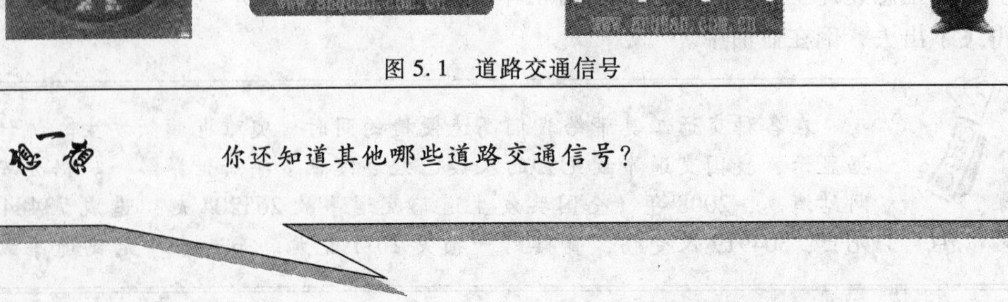


图5.1　道路交通信号

想一想　你还知道其他哪些道路交通信号？

2. 道路通行原则

● 确保安全、畅通的原则。

由于我国城市交通拥堵日趋严重、农村交通不够规范、公民的道路交通安全意识薄弱、道路交通安全的法律、法规的宣传滞后，我国道路交通安全形势极其严峻，道路交通事故逐年上升，给国家财产和人民群众的生命、财产安全带来严重的损害。为此，道路交通安全法第 37 条规定：车辆、行人应当按照交通信号通行；遇有交通警察现场指挥时，应当按照交通警察的指挥通行；在没有交通信号的道路上，应当在确保安全、畅通的原则下通行。

图 5.2　随意横穿马路的恶果

● 分道通行原则。

道路交通安全法第 36 条规定：根据道路条件和通行需要，道路划分为机动车道、非机动车道和人行道的，机动车、非机动车、行人实行分道通行。道路没有划分机动车道、非机动车道和人行道的，机动车在道路中间通行，非机动车和行人在道路两侧通行。

机动车行经人行横道时，应当减速行驶；遇行人正通过人行横道，应该停车让行；机动车经没有交通信号灯道路时，遇行人横过道路，应当避让。

我们学生比较容易发生交通事故，源于交通安全意识薄弱，不熟悉各种交通标志，不了解交通意外发生的各种情形。与青少年学生有关的交通事故大多数责任方又是我们自己，主要原因是青少年不遵守交通规则所致。

学生骑车横过机动车道时，应当下车推行，有人行横道或者过街设施的，应当从人行横道或者过街设施通过，没有人行横道、过街设施的，在确认安全后通过；行人应当在人行道内行走，没有人行道的靠路

边行走；行人通过路口或者横过道路，应当走人行横道或者过街设施；行人不得跨越、倚坐道路隔离设施。

### 道路交通事故的避险与自救

1. 青少年学生发生交通事故的常见原因

• 上学路上，有些学生骑自行车注意力不集中，只顾低头骑车飞速行驶，从不顾及周围通行车辆；

• 学生活泼好动，走路时常常无规则，三五成群、嬉戏打闹，在道路上随意跑动和玩耍；

• 过马路时，随意横穿，不左右瞭望，不看信号灯；

• 骑自行车时双手离把，搭肩并行，曲折竞驶；

• 在城市道路上，步行不走人行道，骑自行车不走非机动车道；过马路不走人行横道；还有的逆向通行；

• 跨越、倚坐道路隔离设施。

图 5.3　双手离把、搭肩并行、曲折竞驶的危险行为

2. 行人、骑自行车或电动车避险法则

• 不闯红灯；

• 不在汽车临近时横穿马路；

• 不在机动车道上徘徊或行走嬉闹；

• 不翻越、攀登隔离栏等交通设施；

• 不在道路上使用滑板、旱冰鞋等滑行工具；

• 骑自行车或电动车时不抢行、不逆行、不带人；

• 骑自行车或电动车不要为了表现自己，做骑车撒把、下坡不捏闸、骑车下台阶等危险动作；

• 骑自行车或电动车不故意挤撞、阻拦其他车辆、行人；

• 骑自行车或电动车不在马路上和同学比赛车技、互相追逐。

**警示录**

下面是重庆市某中职学校自2008 年 10 月以来发生的交通事故记录：

• 2008 年 10 月中旬，08 级一女生乘坐公交车在校门口下车，下车后没有注意来往车辆即从车后部横穿公路，被一小车撞倒，造成重伤；

• 2008 年 12 月底，三名男生共同乘坐一辆黑摩的，在回校走到校门口处转弯时，被一辆从后面驶来的小车撞倒，造成两人重伤，一人轻伤；

• 2009 年 3 月中旬某天晚上，08 级一女生外出回学校的时候没有走人行道而走在公路上，在校门口被一辆小车撞倒，造成大腿骨折重伤；

• 2009 年 4 月 11 日晚，07 级一男生乘坐公交车下车后即横穿公路，被一摩托车撞倒，造成重伤。

想一想

作为一名学生，你有过违反道路交通安全法的行为吗？结合自己的实际谈谈我们做得怎样？

3. 交通事故的自救

道路交通事故，已成为当今社会公害，为城市人口死亡的四大原因之一。因此，了解交通事故发生时的一些救助方法，有助于人们在遇到交通事故时减少受到不必要的伤害，保护生命健康。

• 遇有交通事故发生人身伤害时，在无人救助的情况下，要尽可能移至安全地带，以免再次受伤；

• 保持镇静，放松过度紧张的心情，针对伤势情况采取止血、包扎、固定等自救措施；

• 对暴露的伤口尽可能先用干净布覆盖，再进行包扎以保护伤口。

警示录

2008 年国庆黄金周期间，中职生李大连的父母带着李大连一同开车外出旅游。不料，在旅途中出了车祸，李大连的父亲大量出血，因伤势严重而昏迷。李大连一方面用布条给爸爸包扎伤口止血，一方面让母亲打电话向 120 急救中心求救。120 急救中心的医生 20 分钟后及时赶到，李大连的父亲在急救中心医生的抢救下终于脱离危险。医生说如果当时没有采取急救措施或者抢救再晚些，李大连的父亲就没命了。

现代生活中，我们经常要出行，天天都要面对各种交通情况，学会预防和应对交通事故显得尤为重要。李大连正是在学校学习了交通事故应急自救知识，才使他的父亲的生命得到及时抢救，从而脱离险境。

发生交通事故，务必在第一时间拨打报警求救电话：110、122、120。

• 不要取出伤口内异物，不要随便清理伤口，避免伤口感染；

• 利用身边现有的材料如三角巾、手绢、布条等折成条状缠绕在伤口上方，用力勒紧，可起到止血作用；

• 如有骨折要尽可能减少移动，或利用现有材料固定骨折部位，避免骨折端刺伤皮肤血管及其他部位；

• 利用现有衣物设置明显标志，如果是夜晚，应根据情况，尽可能转移到有照明或易被发现的位置，以便引起过往行人、司机的注意，及时得到救助；

• 如果所乘坐车辆向深沟翻滚，应迅速趴到座椅上，抓住车内的固定物，使身体夹在座椅中，稳住身体，避免身体在车内滚动而受伤。若在车中感到将被抛出车外时，应在被抛出车外的瞬间，猛蹬双腿，增加向外抛出的力量，以增大离开危险区的距离。落地时，应双手抱头顺势向惯性的方向滚动或跑开一段距离，避免遭受二次损伤；

• 如果所乘坐车辆翻进河里、江里，若水较浅不能淹没全车时，应待汽车稳定以后，设法从安全的出处离开车辆；若水较深但未完全淹没车辆时，不要急于打开车门和车窗玻璃，应将头部保持在水面上，保证呼吸；若水很深将要完全淹没车厢时，应迅速用力推开车门或玻璃，同时深吸一口气，及时浮出水面。

发生交通事故时，不要在事故汽车旁停留、围观，以免被可能发生的爆炸所伤害；也不要因为顾及贵重物品而浪费宝贵的逃生时间。

**我的感悟：**

# 主题2

## 面对敲诈勒索，如何处置

警示录

北京某职校学生陈某，平日心地善良，乐于助人。一天，在遭到4名校外小混混的拦路勒索时，他交出了身上的所有钱物，并向勒索他的人求饶，小混混还威胁他不得报警、不得告诉家长，否则让他自己不知道是怎么死的。此后他多次遭小混混勒索都不敢告诉父母和老师，也不敢向公安机关报案。直到最后一天，他还打开家中防盗门，让小混混们入室看录相，拿好吃的东西给他们“抵钱”，然后又乖乖地和小混混一起坐出租车到了郊外。4名小混混怕事情败露，竟然将陈某残忍地杀害。

图5.4　面对敲诈勒索该咋办

### 何为敲诈勒索

敲诈勒索，是指以非法占有为目的，对被害人以威胁或者要挟的方法，强行索要公私财物的行为。

遇到敲诈勒索，切勿忍气吞声，逆来顺受，一定要及时报案。不要惧怕不法分子的威胁和恐吓，威胁和恐吓正是说明他们害怕报案，因为邪不压正。试想如果陈某在第一次遭遇勒索时，及时告诉家长和老师或向公安机关报案，使不法分子得到应有的惩处。陈某会招来杀身之祸吗？当然如果你以弱对强时，可采取缓兵之计，保全自己的生命安全是最重要的。

中小学生在上学途中、节假日外出活动时，遭遇社会青年或同学敲诈勒索，在校园内以大欺小、以多欺少的敲诈勒索行为时有发生。同学们如果遇到敲诈勒索时，我们应该怎么办？

### 敲诈勒索的处置

如果同学们碰上有人向你勒索“保护费”，或者以各种借口要你“赔偿”时，你应该做的是：

• 不要轻易答应对方的要求。

如果有人向你敲诈勒索钱物，你暂时又无法脱身时，不要轻易答应对方的要求，可以借口身上没钱，约定时间地点再“交”，然后立即报告学校和公安机关。要相信警方、学校和家庭都能为你提供安全的保护，只有在这样的情况下，不法分子才不敢威胁侵害你。如果屈服于对方，使敲诈者轻易得手，他们就会一直盯上你这只“肥羊”。

> **想一想** 面对敲诈勒索，你会反抗还是屈服？

• 要沉着冷静、随机应变。

如果是遭遇陌生人敲诈时要沉着冷静，并想方设法与歹徒周旋和拖延时间，使自己能够看清楚对方的相貌特征和周围的环境情况，以便自己能从容不迫地寻找脱离险境的有利时机。如果附近有人，可以边大声呼救，边向人多的地方跑，此时一般来说歹徒会闻声而逃。如果四周无人，呼喊或逃跑都无济于事，这时要先答应其要求或交出部分钱物，后及时向学校老师或公安机关报案。

• 要及时报案。

发案后，要立即向学校、公安机关报告，你越怕事，越不敢声张，不法之徒就越嚣张。及时报案，会使不法分子及时地受到应有的惩处，会及时地制止不法分子对你继续侵害，能及时地、最大限度地挽回你已经受到的经济损失。

图 5.5　正义终将战胜邪恶

> **想一想** 有的同学认为，在校园外遇到流氓或不法分子勒索，可以自己解决，这样才能显示自己已经长大了，对吗？

• 要注意保护自身安全。

在未脱离险境的情况下，切不可当着不法分子的面声称要报警，以免不法分子恼羞成怒，而遭到不法分子的伤害。

未成年人在遇到敲诈时，如果没有十分的把握，一般不要采取正当防卫措施。从自身安全角度考虑，一定不要鲁莽行事，而要沉着冷静，随机应变，寻找机会脱离险境，尽量避免或减少不必要的伤害。

**警示录**

2006年5月25日，中学生李某和张某见同班一位叫张诚实的同学为人老实，并且家中很有钱，便决定对张诚实进行敲诈。两人找到同班同学江某密谋后，3人一起来到张诚实家。江某故意让张诚实看到其裤口上插着一把弹簧刀，然后，以自己的叔叔是黑社会相威胁，让张诚实拿出5万元钱，不然的话就告诉其叔叔，让其叔叔今天晚上就来绑架、杀害张诚实的家人。张诚实被迫从父亲的一个皮包里翻出现金2万元交给他们三人，江某等三人又强迫张诚实写了一张三万元欠款的字据。

当天晚上，张诚实的父母回家后，张诚实马上将情况告诉了父母，张诚实的父亲立即带着张诚实到当地派出所报案。派出所民警经过10个小时的蹲守后终于将李某、张某和江某抓获归案。被3人敲诈走的2万元现金被如数追回。

张诚实在家里遭到三个同学的登门敲诈，如果张诚实不屈从于三个敲诈者，他们不会轻易放过张诚实，可能殴打张诚实，甚至引来杀身之祸。面对三个敲诈者，张诚实采取的办法是暂时服从，这种做法是正确的。正是张诚实遭遇敲诈勒索后，及时告诉父母并及时向公安机关报案，才使已经失去了的两万元完璧归赵，避免了自己家庭的更大经济损失，更重要的是保全了自身的生命安全。

遇上敲诈勒索时不要硬顶，尤其是发现对方藏有凶器时更要谨慎小心，千万别跑，也不要大喊大叫，以防受伤，必要时可以暂时损失一点自身的财物以求生命不受侵犯。

**我的感悟：**

# 主题3

## 抢夺、抢劫防身术

警示录

2007年6月的一天晚上，18岁的雷小龙窜至某住宅小区，趁柯女士不备，夺走柯女士肩上挎包后撒腿就跑。在逃跑途中，雷小龙从柯女士的挎包内取出了一部三星7880型手机和装有53200元人民币的钱包，随后将柯女士的挎包丢在了路边。当晚，柯女士到派出所报案。经过4个小时的侦查，雷小龙被公安机关抓获。人民法院经审理认为，被告人雷小龙以非法占有为目的，趁人不备，公然夺取他人财物，数额特别巨大，其行为已构成抢夺罪，判处被告人雷小龙有期徒刑6年，并处罚金人民币4万元。

行人稀少、夜深人静时，是犯罪分子最猖獗的时刻，抢夺、抢劫犯罪往往在此时此刻发生，尤其针对我们学生或未成年人的抢夺、抢劫案件大多发生在这一时段。虽然，法网恢恢，犯罪分子终究逃不了法律制裁，但我们应提高防范抢夺、抢劫犯罪行为的意识，避免单身独行，以免遭受不必要的伤害。

### 抢夺防身术

抢夺是犯罪分子以非法占有为目的，公然夺取数额较大的公私财物的行为。其特点是犯罪分子未使用暴力、胁迫等手段，但因犯罪分子的行为属趁人不备的不法侵犯，所以极易造成被侵害对象的人身损害。

防范抢夺的措施：

- 出行时注意要在人行道上行走，不要在车道路边这一抢夺事件多发地带行走；携包步行外出时，应尽量将挎包斜挎于肩上，因为从犯罪分子的作案手法看，大多为单个或两个人结伙驾驶摩托车在街头抢夺作案；

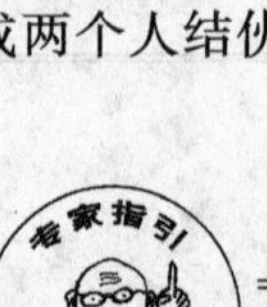


我们学生都喜欢在行走中玩手机或打手机，殊不知这极容易给犯罪分子提供机会，因此我们尽量不要边走边打电话。

• 出门时要尽量少带钱财，放置物品时不要将身份证、学生证、工作证件等全部放在一起，以免歹徒因财起意，导致大范围的损失；

• 过斑马线或大路行走时要小心周围车辆，对悄然驶近的摩托车要特别注意，以减少遭受飞车抢夺的机率；

• 骑摩托车或电动车时，不要将包挎于肩上、挂于车头或放在脚踏板上，尽量放置在车座下或者车箱里；骑自行车时，不要将包置于车篮里；

• 女生在小巷或岔路行走时应格外小心，不可埋头赶路，要时刻注意是否有人跟踪，如遇跟踪，可采取与其他路人同行、进入有保安人员的单位、小区等灵活办法，借机摆脱；

• 女生在夏天衣服穿得少，金项链等高档饰品便容易暴露在外，因此，爱漂亮的女孩要特别注意你的这些财物，特别是一个人在晚上行走或者骑自行车时，更要小心；也不要随意在人多的时候打开钱包取钱，以免成为抢夺对象；

• 遭遇抢夺时，要大声呼叫，根据当时情况决定是否追赶犯罪分子，追赶可以迫使犯罪分子放弃所抢物品；若追赶不及，应看清犯罪分子身高、衣着、体态等特征和逃跑方向，并及时向公安机关报案。

遇到犯罪分子实施抢夺时，人身安全要放在第一位，要避免因保护财物而造成自身损害。

## 抢劫防身术

抢劫是指以非法占有为目的，以暴力、胁迫或其他令被害人不能抗拒的方法，当场强行劫取公私财物的行为。

**警示录**

张超是云南大学旅游文化学院2006 年工商管理 1 班的一名女学生，却经常混迹夜总会。2007 年 5 月，张超在丽江“天上人间”夜总会认识了谢宏，两人在校外租房同居。一个月后张超又在“天上人间”夜总会结识了云南丽江公路管理总段路桥施工队项目经理、39 岁的工程师木鸿章，张超常陪他吃饭、会友，并先后收了价值 2 万多元的“礼物”。

谢宏从张超口中得知木鸿章的情况后即生歹念，二人邀朋友陈光吕“帮他们向木老板索要欠款”。

2007 年 12 月 19 日 20 时许，张超将木鸿章骗至出租房，谢宏及其好友陈光吕用刀胁迫后将木鸿章捆绑，套取其借记卡密码后将卡中现金 4 万元取出。随后三人将木鸿章勒死，并用菜刀、匕首及水果刀等工具将木鸿章的尸体肢解为 260 多份后抛入护城河。

这就是震惊全国的云南大学美女学生张超抢劫碎尸案。2008 年 6 月 19 日，该案在丽江中院一审宣判：张超及男友谢宏因犯抢劫罪被判死刑，帮凶陈光吕被判死缓。

图 5.6　张超在法庭上受审

抢劫大多发生在力量不对等的人身上。由于犯罪分子认为自己力量强大，所以他才有胆量去抢他人的财物。这时，如果仅仅靠力量，要制服对手的可能性较小。尤其在一些亡命之徒面前，更要学会自我保护的技巧，并依靠智慧取胜。

1. 抢劫的特点

● 时间上的规律性。

抢劫案一般发生在行人稀少、夜深人静时。因为这时，受害人往往孤立无援，而犯罪分子则易于得手；当然，也有些犯罪团伙，光天化日之下在火车、汽车、商场、银行等处抢劫；

警示录

2008 年 8 月 4 日中午，西安高新公安分局高新路派出所接到报警，称西工大附中初二学生刘雨（化名）从高新路补习下课后，行至公交车站准备乘车回家时，被一年轻男子以问时间为由截住，随后该男子声称刘雨是曾打过他“兄弟”的人，强行对刘进行搜身，发现只有十一块钱后，并不甘心，强行将刘雨新买的手机抢走。

8 月 25 日晚 8 时，民警在一网吧将犯罪嫌疑人王某抓获。

另外，8 月底 9 月初正是众多学校集中开学的时候，一些心怀不轨之人又盯上了带着大笔学费、生活费来学校报到的学生们。据警方介绍，这段时间是诈骗、盗窃、抢夺、抢劫学生学费、生活费案件高发期，我们同学们应引起高度重视。

• 地点上的隐蔽性。

抢劫犯罪分子作案，一般选择较为偏僻、或周边地形复杂、人少及夜间无路灯的地段。这些地方犯罪分子比较容易隐藏，不易被人发现，得手后也容易逃脱；

• 目标上的选择性。

犯罪分子抢劫的主要目标是学生、老人、妇女，还有那些穿着时髦、携带贵重财物、单身行走的人或者在偏僻地带谈情说爱的情侣等。

2. 抢劫防身术

• 偏僻小道不能走。

抢劫多发生在比较偏僻、阴暗的地方。因而，为避免被抢劫，应尽量选择走大道，特别是在夜间，莫贪近路走一些偏僻小道；夜间经过地下通道或过街天桥速度要快；我们学生放学回家晚了不要抄小路走，更不要穿越狭窄、冷清的胡同、巷子；

• 夜间外出不独行。

犯罪分子实施抢劫的对象多为独行者。因此，为了保护自身安全，我们外出务必结伴而行，尤其晚上外出，一定要有同行者；

• 力量悬殊不蛮干。

犯罪分子实施抢劫作案，一般都做了相应准备，要么人多势众，要么以凶器相逼，在力量敌不过抢劫者的情况下，不要鲁莽行事，要放弃钱财或别的物品，记住犯罪分子的相貌、衣着、身高、口音、逃离方向、使用的交通工具等，并及时向公安机关报案；

**想一想**

面对实施抢劫的犯罪分子，靠智慧取胜是最重要的。但是，万一犯罪分子对你进行袭击，我们应该怎么自卫呢？

• 如果犯罪分子从你后背用双手勒住了你的脖子，你可握紧拳头，举起手臂，用肘向后使劲儿撞击犯罪分子的腹部，使他喘不过气来，待他双手松时，自己便可脱身逃离；你也可以奋力去捏住他的小手指，拼命向外侧掰，这样可导致犯罪分子剧烈疼痛，也许犯罪分子会松手。最好将犯罪分子小手指掰断，趁着他疼痛时你就可迅速脱身；

• 若前一招无效，可改用第二招。即用脚猛踢犯罪分子的小腿骨，也就是膝盖下方位置，或者用脚使劲儿猛踩他的脚面。犯罪分子疼痛难忍而松手，你也就可以迅速逃离；

• 如果犯罪分子迎面而来，在他靠近你后，猛地提起膝盖向他的胯下撞去。犯罪分子可能会因为疼痛而捂住身体下部，这时你要立即逃离；

• 当你的手中有雨伞或其他长的物件，均可作为防卫的武器。可用双手紧握雨伞，用伞尖猛击犯罪分子的胯下，或猛刺他的脸部，然后迅速逃离。

想一想

遇到歹徒抢劫要赶紧跑，这样才最安全，是这样吗？

专家指引

遇到抢劫，保护生命和安全是最重要的，必要时可以舍弃财物。不到万不得已，不要硬拼，以免造成更大的损失。如果抢劫者是你认识的人，一定要装作不认识，以避免抢劫犯杀人灭口。

**我的感悟：**

______________________________

______________________________

______________________________

______________________________

# 主题 4

## 网络危害猛于虎

网络已经成为人们生活中无法回避也不应回避的内容，但由于沉迷网络游戏而导致行为问题、心理问题，甚至危及生命的事例已经屡见不鲜。

警示录

2007 年 5 月 3 日上午 10 时，南海二职校的张小洋与二位同学到一家网吧玩网络游戏。到 5 月 4 日下午 4 时许，玩了一个通宵的他，站起来看了看别人的电脑后，又坐下继续玩。晚上 7 时 50 分左右，张小洋突然身体一歪倒在地上，呼吸困难，全身瘫软。送到医院急救时，医生发现张小洋已全身发紫，瞳孔扩散，心跳消失，血压也已降为零，确诊为猝死。

网络对于我们既是有利的，又是有害的。

网络主要是以较快的方式获取了最新的信息，可以开阔视野，提供了求知学习的新渠道；于此之外，对我们影响最大的是：在网络上开辟了另一种人际交往方式，对我们的人际关系有了良好的影响；另外，我们受到网络这一新鲜事物的刺激，比没有接触过网络的人更有创新精神，从而提高我们学生的综合素质。

图 5.7　网络已成为我们生活的伴侣

但是上网占用了我们学习、休息的部分时间，造成学习压力大、时间分配紧张等情况，以至于在日常生活中，如上课、睡眠等，也常常想着网上空间，造成了精神不集中等情况；同时，一些学生沉溺于网络虚拟世界，脱离现实，荒废学业；另外，网络对我们的人生观、价值观和世界观的形成构成了潜在威胁。

大量的案例告诉我们：网络利害的区别在于你如何运用它，以及如何合理安排好时间。如果是不分昼夜打电子游戏、看电影、聊天，肯定是弊；如果利用网络的目的是为了学习，那当然是利大于弊了。

《未成年人保护法》第 33 条规定：国家采取措施，预防未成年人沉迷网络。国家鼓励研究开发有利于未成年人健康成长的网络产品，推广用于阻止未成年人沉迷网络的新技术。

### 网络游戏的危害

网络游戏由于其精彩的画面、音响效果，以及生动的故事情节，可以让人感受到强烈的惊险、紧张和刺激体验。网络游戏的互动性、仿真性和竞技性，又可让人体验到现实社会中感受不到的自身力量和智慧，从而获得极大的心理满足。因此，网络游戏很容易刺激我们学生的好奇心及对冒险的渴望，从而迷恋网络游戏，给我们造成身心的伤害。

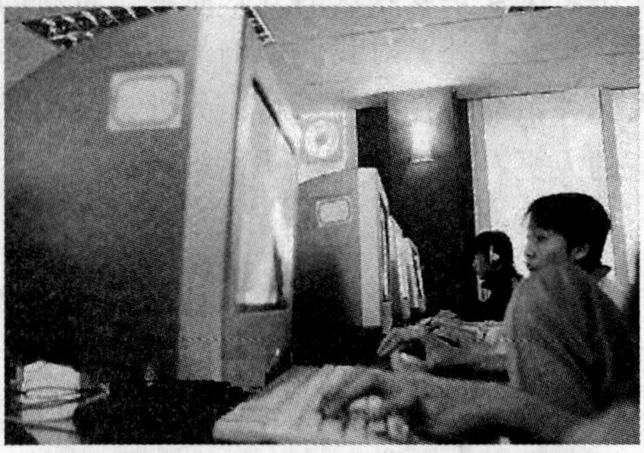

图 5.8　网络游戏已成为部分青少年学生魂牵梦萦的“精神食粮”

1. 网络游戏成瘾症

网络游戏成瘾症是一种沉迷在网络游戏中无法自拔的心理疾病，患者无法摆脱时刻想玩网络游戏的念头。网络游戏成瘾症属于“冲动控制疾患”，不仅有极大危害，而且不易治疗。

网络游戏成瘾症表现为：

• 对现实生活失去兴趣或不再满足；

• 上网游戏时间超过一般的限度，以此来获得心理满足。

• 轻者产生精神依赖，不上网就焦虑、烦躁，坐立不安，注意力不能集中；重者与毒品成瘾相似，完全被游戏和网络控制，难以摆脱，玩游戏时精神极度亢奋并乐此不疲；不能玩游戏时常常情绪低落，头昏眼花，双手颤抖，疲乏无力，食欲不振，睡眠障碍，思维迟缓，甚至整个人变得不可理喻，没有自尊，为了可以上网玩游戏不择手段。

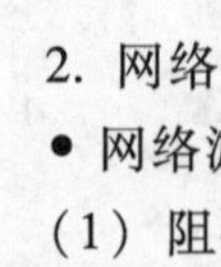


玩网络游戏时，保持平静心态，不宜过分投入；不要在晚上玩网络游戏；尽量不去网吧玩网络游戏；远离暴力性游戏内容；杜绝色情游戏内容。

2. 网络游戏成瘾的危害与防范

• 网络游戏成瘾的危害。

（1）阻碍大脑的正常发育；引起植物神经紊乱，体内激素水平失衡，免疫功能降低；

（2）引发心血管疾病、胃肠神经官能症、紧张性头疼、焦虑、忧郁等，甚至可能导致死亡；

（3）导致视力下降、眼睛疼痛、怕光、暗适应能力降低，还可能引发青光眼及血液循环不良等疾病；

警示录

中专生刘某酷爱上网，假期连续上网7小时的结果却是左大腿静脉血管栓塞，差点需要截肢。17岁的刘某“五一”期间抓住空闲通宵上网，早上下网时突然感觉左腿肿胀，剧痛且不能动弹，同时伴有胸部疼痛。3天后，刘某来到医院B超检查，医生诊断是因上网久坐致使血流不畅，在左腿股静脉处形成了栓塞，要彻底治疗就必须通过介入疗法把附着在血管壁上的栓塞取出，整个医疗费用估计近2万元。如果血管栓塞时间过长，就必须截肢，还可能留下其他后遗症。

“网虫”一次连续上网时间不要超过3小时，并且要经常活动一下四肢。

（4）人际交流出现困难，分不清网络虚拟世界和现实世界，对自我和现实生活不满、逃避；

（5）旷课、逃学，导致学习成绩下降；

（6）世界观与人生观发生错位，对人冷淡挑剔，不负责任；

（7）行为更具有侵犯性，粗野轻率，甚至行为越轨，违法犯罪。

沉迷网络游戏对轻者来说会导致行为问题、心理问题，重者会危及健康乃至危及生命。因此，我们学生一定要严格控制网络游戏的时间。

● 网络游戏成瘾的防范。

（1）严格控制玩游戏的时间，如果感觉自我控制能力不够，就和父母订立协议，帮助自己限制上网时间；

（2）周末和节假日期间，尽量安排户外活动；合理地安排自己的闲暇时间，培养一些业余爱好，尽量不去网吧玩游戏；

（3）合理使用零花钱，限制上网费用，不要挪用其他项目的费用上网；

（4）交一些知心朋友，有什么心事可以和朋友谈论；多和家人沟通，每天至少和家人交流20分钟左右；

（5）多参加集体活动，找到现实中的快乐；和家人、朋友一起出去运动和娱乐，到野外游玩或野餐，等等。

专家指引

一旦对网络游戏成瘾，要告知家人，请他们帮助自己；必要时寻求医生或心理咨询专家进行心理治疗。

想一想

近一个月来，赵小山与父母闹别扭，心情很不好，每天放学后都泡在网吧玩游戏，他觉得玩游戏可以让他忘记烦恼。是这样的吗?

网络交往要慎重

一个化名为“网络罗米欧”的男子因对少女实施性侵害被判刑入狱，其犯罪方法十分简单，就是利用互联网，选择少女网友引诱她们外出，从而实施性侵害。该罪犯在法庭上说：“对青少年来说，网络实在是一个充满危险和诱惑的地方。”

1. 网络交往

网络的普及，使人们在网络上找到自己的天地。工作、学习之余，可以上网聊天，缓解精神压力。网络交往超越了空间，实现了古人“天涯若比邻”的梦想。它超越国界、年龄、性别、相貌、职业、地位等，为上网者提供了平等交往、广泛联络、自由活动的平台。

网络交往极大地改变了人们情感沟通方式，在虚拟的网络世界里，可以平等地与对方沟通信息、交流思想、表达感情，以求得对方最大的理解和帮助。网络交往可以满足渴望交流的心理需求，特别是在现实生活中遇到困难的时候，网络交往更容易使人满足。但对于好奇心强、渴望友谊和交流的青少年学生来说，尤其是充满了好奇心的女孩子来说，稍不留神就会掉进网友设好的陷阱。而且，网上聊天是虚幻的，不受道德制约的。所以，我们要正确看待网络交往这种特殊的人际交往方式，以避免其对我们的身心发展造成的不良影响。

警示录

大连的女学生李娜经常上网聊天，并在网上认识了一名男性网友，后该男性网友邀请李娜见面看电影，结果李娜喝了男性网友买来的饮料后睡着了，李娜被电影院工作人员叫醒后发现自己孤身一人在电影院，身上的300元现金及手机等不翼而飞。

网络交往、聊天只应当是现实人际交往的适当补充，不能替代现实生活中人际交往，千万不要与网友在现实生活中见面。

2. 网络交往的危害与防范

● 网络交往的危害。

（1）影响人际交往能力。网上交友、聊天的确轻松简单，但往往难以形成真实可信和安全的人际关系。过多沉浸于网络系统聊天中，减少了结识现实生活中新朋友的机会，也减少了与现有朋友的联系。网上交友看似内容丰富，实际上单调封闭。

（2）影响心理健康发展。我们这个年龄的学生性格尚未定型，长期迷恋网上交友，不仅在一定程度上弱化了他们与真实世界的交往能力，严重的还能导致心理疾病，长期缺乏直接的人际交往，使人变得孤立、自私、冷漠，产生自闭心理。

图 5.9　慎对网络交友

（3）影响道德发展。网络是一把双刃剑，大量的网络信息为上网学生的学习提供了丰富的资料，开拓了他们的眼界，极大丰富了他们的学习方式、工作方式、生活方式和课余生活。但是这些信息都是没有加工筛选的原始信息，良莠不齐。在各种信息、观点自由表达的网络上，个人主义、利己主义、实用主义、拜金主义、享乐主义、追求奢侈等生活方式以及注重感官刺激的庸俗情趣，会给我们带来很强的诱惑力；同时，网络的虚拟性，容易使人模糊自己的角色，变得随心所欲、撒谎、逃避现实、不负责任，对现实生活中的事情漠不关心。

● 网上交往危害之防范。

（1）网络交往中要明确自我保护原则：不要说出自己的真实姓名和地址、电话号码、学校名称、密码等信息；不在网上发送自己的照片；不与网友会面；对网上求爱不予理睬；

**警示录**

2004 年 1 月的一天，两名中年男子走进蚌埠市公安局 110 指挥大厅报警，其中一名男子哭述事情的经过：其女儿张某，就读于武汉一所中专学校，今年年初在网上与一名蚌埠男子结识后，竟“热恋”起来，并于 1 月下旬离家出走不知去向，经多方查询，张的“恋人”是蚌埠市郊区的秦某。民警立即指令秦集派出所民警进行核实。经查：秦某，男，30 多岁，农民，是两个孩子的父亲，也已离家多日，是与一武汉的女子共同出走的，其家人也正在寻找。民警通过认真细致的工作，确认秦、张两人已离开蚌埠。张某的父亲无奈返回武汉。

3 月初，蚌埠 110 民警与张的家人联系得知：张某已返回家中，但平时活跃、爱说的少女，现在却变得沉默寡言，并且神情沮丧。

（2）控制上网聊天时间，每次最好不超过一个小时；

（3）不要进入成人聊天室；

（4）最好在校园网上聊天交友或者在一个特定的圈子里聊天交友，而且，这个圈子最好是自己熟悉的；

（5）对谈话低俗的网友，不要反驳或回答，以沉默的方式对待，并将其列入黑名单，拒绝继续交往。

想一想　我们应该怎样正确对待网络？

**我的感悟：**

# 主题 5

## 杜绝“黄、赌、毒”

当今社会，电视、录像、互联网以及报刊杂志的出现，既拓宽了学生获取知识的途径，又对学生的内心世界造成了很大的冲击。我们在获取大量外界信息的同时，对于很多涉及黄、赌、毒的不良信息需要进行仔细的分辨和筛选。

### 黄——淫秽、色情的危害及防范

近年来，随着互联网新技术、新应用的发展，网上出现了大量违法和不良信息，这些有害信息的存在不仅影响了网络文化的发展，更对青少年健康成长造成了危害。我们可以看出青少年是互联网用户的主体，而青少年特别是 18 岁以下的网民正处在个体生理、心理和社会价值观逐步成熟的阶段。不良的内容必然会直接、间接影响到青少年的健康发展。

特别值得注意的是，一些青少年由于长期沉湎于网上淫秽色情信息，有书不读，有学不上，荒废了青春，迷失了人生，有的甚至走上了违法犯罪的道路。网络色情文化对青少年犯罪起着直接的诱发作用。对此，社会各界和广大家长痛心疾首，发出了“救救孩子”的强烈呼声，要求清除这些网络“毒瘤”。

图 5.10　抵制淫秽、色情的侵扰

1. 淫秽、色情出版物及网络色情对青少年的危害

● 误导青少年的性观念，扭曲青少年的性心理。

我们学生正处于爱与性的观念的求知与形成阶段。因此，对自我及自我之外的外部世界的认识是不完整、不完全正确的，也缺乏必要的鉴别能力和自我保护能力，无法对淫秽、色情出版物、网络色情内容做出正误判断并形成正确认识，并且极易受到其负面影响。因而，诱导部分学生形成错误的性观念，扭曲了他们的性心理。

● 影响学生的身心健康发展。

对于学生来说，淫秽、色情出版物、网络色情对性行为、性器官、性态度的错误描写，使他们获得错误的知识，产生错误的观念，影响他们的身心健康发展。

● 诱导青少年实施性犯罪。

我们学生由于性生理成熟提前，容易受到淫秽、色情出版物、网络色情的腐蚀和影响，往往会经受不住它们的挑逗、教唆和引诱而做出犯罪行为。同时，由于性心理成熟滞后，还没有形成正确稳定的性态度和性认识，没有树立起正确的世界观、价值观、人生观，自我控制能力差，无法对性行为做出是非善恶的价值判断。因此，在受到淫秽、色情出版物、网络色情的“污染”时，无法控制自己的行为，从而走上性犯罪道路。

**警示录**

邱某,17 周岁，与 4 个同龄人看淫秽录像中那些男欢女爱、打情骂俏等露骨镜头后，脑子里全是录像中的情景，总想试一试，经常和同学一起议论。一天，他遇到一个 14 岁的女学生，强拉硬扯将其带到家中，对方在极力反抗之下还是被强奸。事后，邱某被告发，结果被判十五年有期徒刑。被判刑后，他悔恨地说：“淫秽录像带是一剂毒药！自己以为试一试好玩，没想到后果如此严重……”

淫秽、色情出版物、网络色情内容往往着力宣扬的是生理的满足而非心理的满足。在其影响下，一些青少年往往会陷入极端，不顾法律法规规定和社会伦理道德规范而实施性行为，因而形成错误的性心理。大量事实早已证明，淫秽、色情出版物及网络色情不仅对人产生消极影响，更会毒害人的心灵，使人堕落，走上违法犯罪道路。这种毒害对青少年尤为明显，因而被称为“精神鸦片”。我们学生一定要加强自身修养，拒绝“黄色”诱惑，不上色情网站，不观看色情、淫秽的图书、报刊、音像制品等。

发现网上色情犯罪行为应立即向公安机关举报，公安部淫秽色情网站举报电话是 010－65283344，010－65207655；举报网站为 www. cyberpolice. cn

2. 防范淫秽、色情出版物及网络色情的方法

• 远离淫秽、色情出版物。

青少年要远离淫秽、色情出版物，不看各种淫秽、色情的“口袋本”图书、淫秽、色情卡通画册、图片等。

• 拒绝网络色情。

青少年要远离网络色情，拒绝点击、下载、收看网络色情视频、信息、图片、邮件，同时，也要拒绝点击具有诱惑性信息的网址。

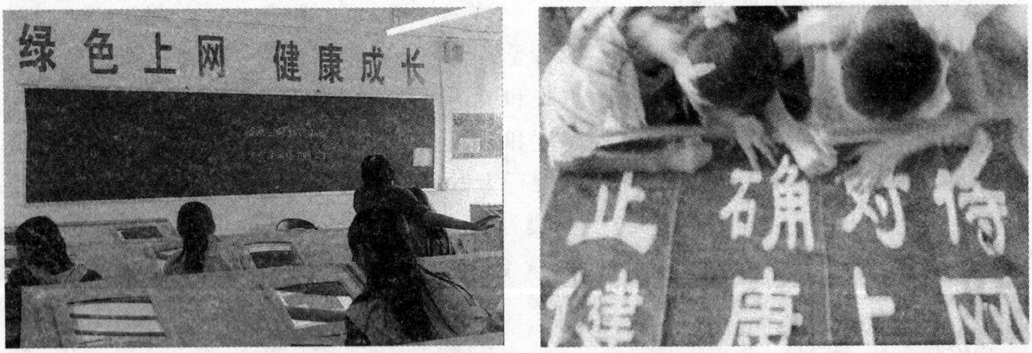


图 5.11 绿色上网，健康保障

• 正确学习性知识。

我们只有正确学习性知识，才能形成正确的性观念、性道德，才能避免不良的性心理和性行为，身心才能得以健康成长。正确学习性知识，一定要保证其来源健康可靠，可通过一些青少年类和健康类的书籍报刊、一些知名的健康网站和青少年网站、知名网站的健康频道了解。

**专家指引**

我们可以通过下面这些网站了解性知识：青苹果未成年孩子青春期性教育网（www. greenapple. org. cn）；世界人口网——青春健康（www. shfpc. gov. cn）；中国人口网（www. chinapop. gov. cn）。

● 安装防黄软件。

安装防黄软件是过滤色情及其他有害网站的有效方法。它们的功能很多，也不尽相同，主要有过滤网站地址、过滤搜索引擎、锁定浏览网站等。当用户访问色情、暴力等网站时，软件会立刻屏蔽这些访问要求。同时，还可以手动加入一些自定义的不良网址，并可以方便地设置过滤灵敏度。

**专家指引**

常用的防黄软件有“别碰！No Porn”、美萍反黄专家、护花使者、紫紫城反黄卫士、网络卫士、东方卫士、网络反黄大师、网络爸爸，等等。

**想一想**

章小朋在 QQ 上和网友聊天，对方发给他的消息：“想见我的近照吗？我发到网上了，快来看吧！还有很多好玩的图片哦！”后面链接一个网址。章小朋毫不犹豫地点击了那个网址，你觉得章小朋的做法对吗？

### 赌——赌博的危害及防范

防止青少年参与赌博是未成年人保护的特别重要的一个方面。未成年人保护法和预防未成年人犯罪法都规定了未成年人的父母或者其他监护人应当教育未成年人不得参与赌博或者变相赌博。

赌博的形式多种多样，目前，青少年参与赌博的主要形式为：玩电子游戏机、玩老虎机、打麻将、打扑克、赌球、六合彩等。

1. 赌博的危害

赌博是一种丑恶的社会现象，是利用赌具，以钱财作赌注以占有他人利益为目的的违法犯罪行为。学生一旦参与赌博其危害将是多方面的：

● 荒废学业。

赌博会浪费我们大量的学习时间，以至于严重影响我们正常的学习和生活，导致玩物丧志。部分同学赌博成瘾了，心里总想着上次赌博的情形，总想着找人赌博，根本没有心思学

图 5.12　我们面临的不良环境

习。晚上“挑灯夜战”，以钱财寻刺激，白天上课精神恍惚打瞌睡，这样势必荒废了学业。

• 违反校纪校规。

参与赌博很容易上瘾，既花费精力又浪费时间，从而不可能遵守学校正常的作息制度，同时也不可避免地要违反校纪校规。有的同学因为长期熬夜，精神萎靡不振，就难免迟到、早退、旷课，即便勉强进了课堂，注意力也不可能集中。因为学校就寝时间要熄灯，有的同学可能不得不点上蜡烛“继续战斗”，这样又极易引起火灾等事故。

**警示录**

某职校同寝室四名学生，入学成绩在班上都名列前茅。从第二学期开始，受社会风气的影响，学会了“斗地主”（一种打牌赌钱的方式），时间一长，逐渐上了瘾。在寝室，四人经常围坐在一起，赌到凌晨两、三点钟，有时还通宵达旦。平时总是旷课，因为熬夜，白天要睡觉，作业不做，有时叫同学代抄应付了事。时间一长，四个人的成绩全面下滑，考试大多不及格。

有一次，四人在寝室点蜡烛打牌，不小心烛火烧着了蚊帐，直至火起，他们才发现。案发后，他们的赌博问题才被校方察觉。结果，其中一个（发起者）被学校开除学籍，其余三人留校察看。

• 破坏同学关系，影响正常秩序。

赌博直接涉及人际关系，一旦参与赌博，赢了的不会满足，输了的总想着“赶本”（把输的捞回来）。这样，往往会无休止地继续下去，势必会影响同学关系，同学之间的互助、友爱之情往往会被利害关系所替代。同时，赌博活动不可避免地要影响周围环境，大多数不愿参与赌博的同学有碍情面又不便或不敢出面直接制止，想学习、想休息的同学往往忍气吞声。时间一长，不满意、不信任的气氛必然产生。

• 毒害心灵，扭曲价值观。

赌博活动易使我们形成懒惰成性、不思进取、欺骗、投机取巧等不良的心理品质，使我们产生贪欲，久而久之会使我们的人生观、价值观发生扭曲。有的同学一见面就谈论他们赌博的输或赢，输者垂头丧气，发誓要下次扳回；赢者洋洋得意，一副胜利者的模样。时间一长，这些同学的道德品质也会下降，社会责任感、耻辱感、自尊心都会受到严重削弱。赌博使人们之间的关系变成赤裸裸的金钱关系，会使我们逐渐成为自私自利、注重金钱、见利忘义的人。

图 5.13　勿以恶小而为之

• 损害身心健康。

赌博经常是通宵达旦，赢钱的人乘兴而往，不分昼夜；输钱的人拼命再来，不顾饥寒；不断消耗早已疲惫的精神，必定会损害身体健康；青少年赌博会诱发严重的失眠、精神衰弱、记忆力下降等症状。同时，还会严重损害心理健康，造成心理素质下降。

• 败坏社会风气。

赌博不仅损害了广大人民群众的利益，更严重的是它还毒害了人们的思想，导致大众投机心理，形成不劳而获的观念，败坏了社会风气。

**警示录**

2009 年 2 月 23 日，某市一所高中的校门口，停满了来校接孩子的车。因为被卷入赌球风波，该校近百名学生被学校勒令退学，马上离校。让人震惊的是，该校 3 名学生竟然通过手机下注，接连输了上百万。无钱还债，庄家来校抓人，被学校发现，学生相互“检举”，结果牵出一大串……

父母用血汗钱来供我们读书，我们不能拿父母的心血去挥霍，应该珍惜学习机会。赌博是违法行为，作为一名中职生应该明辨是非，不仅不能参与，反而要坚决与之作斗争，这才是正确的做法。

• 引发其他犯罪。

据有关部门统计资料表明，学生中（特别是高校学生）因赌博被学校给予开除学籍、留校察看之事时有发生，而因赌博走上违法犯罪的现象也屡见不鲜。

赌博引起各类犯罪案件，直接造成社会不稳定因素。比较明显的是，赌博经常与盗窃、抢劫、聚众斗殴、故意杀人等案件交织在一起，互相影响，彼此加剧。一些学生沉溺于各式赌钱行为而不能自拔，输光了钱，就实施盗窃、抢劫，最终受到法律的制裁。

想一想

有的同学认为，平时玩牌带点“小彩”（赌的钱不多），不能说是赌博，不会有什么影响。你认同这种说法吗？

警示录

学生王某，因长期参与赌博而输光了钱，甚至连饭卡都输掉了，由于没钱赌，便卖了衣服、计算器等抵账，为了还清赌债，最终伸出了罪恶之手，走上了盗窃道路。开始他只是顺手牵羊地在寝室、教室内盗窃同学的现金、饭卡等，后来，竟发展到盗窃学校的计算机、同学的笔记本电脑，撬老师的办公室。最后，因到某电脑公司盗窃电脑被捉获，被人民法院判处四年有期徒刑。像王某这样因赌博走上犯罪道路的不乏其人。

可见，赌博，不但会带来沉重的经济负担，而且会严重影响学习，使我们荒废学业，最终走上犯罪道路，毁掉自己的前程。

2. 赌博的防范措施

• 加强学习，强化法制观念。

我们学生要积极参与法制学习与法制宣传，利用典型案例向社会和群众宣传赌博的危害，教育和启迪人们吸取赌博违法犯罪的沉痛教训，从而筑牢远离赌博的思想防线，树立正确、健康的人生观、价值观、金钱观，增强社会责任感和使命感。

• 防微杜渐，远离赌海。

青少年学生要从思想上筑起保护墙，树立起“千里之堤，毁于蚁穴”这个理念。大凡赌徒一开始都是以寻求所谓的刺激而放松放松为借口，逐步升级而染上赌博瘾的。因此，我们要看透赌博的本质，无论何时何地，坚决不参与有钱物输赢来往的搓麻将、打扑克，更不参与玩电子游戏机赌博，玩老虎机赌博等。

• 树立远大的理想。

图 5.14　人人都要成为禁毒卫士

我们学生正处于青春勃发、奋发有为的黄金阶段，必须十分珍惜，要把精力花在学习科学文化知识和训练各种技能上，努力提高自身的思想政治素质和科学文化知识水平。即使有剩余精力，也要合理分配，多参加一些积极向上、健康有益的活动。有理想、有抱负也就会抵制不良习气的侵蚀。

在这个世界上，一劳永逸的事情只存在于人们的幻想中。远离赌桌，远离黑暗，珍爱生命，拥抱阳光。

### 毒——毒品的危害及防范

1987 年 12 月第 42 届联合国大会通过决议，决定把每年的 6 月 26 日定为“国际禁毒日”。目前我国登记在册的吸毒人员中，青少年所占比例高达 86.3%，其中最小的远不到 10 岁。青少年吸毒已成为一个严重的社会问题，青少年正成为新型毒品的受害者。“吸毒一口，掉入虎口”。一个个幼小的身影因为毒品而日渐憔悴，一张张年轻的面孔因为毒品而无比苍白。

一些青少年或因受人诱惑、或基于好奇心、或因受家庭成员的不良影响、或和不良群体之间的交叉感染而染上毒瘾。广大青少年要切实加强对毒品知识的学习，充分认识毒品给家庭、社会和个人带来的巨大危害，提高拒毒、防毒意识，珍爱生命，拒绝毒品，抵制诱惑，防范侵害。

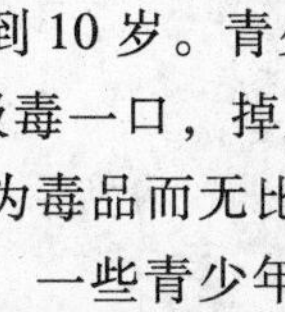


《中华人民共和国禁毒法》已由中华人民共和国第十届全国人民代表大会常务委员会第三十一次会议于 2007 年 12 月 29 日通过，并自 2008 年 6 月 1 日起施行。

1. 毒品及特征

毒品，是指鸦片、海洛因（俗称“白粉”）、甲基苯丙胺（冰毒）、吗啡、大麻、可卡因、摇头丸、K 粉等以及国家规定管制的其他能够使人形成瘾癖的麻醉药品和精神药品。

一般来说，毒品具有以下特征：

• 有一种不可抗拒的力量强制性地使吸食者连续使用该药品，并且不择手段地去获得它；

• 连续使用加大剂量的趋势；

• 对该药产生精神依赖性及躯体依赖性，断药后产生戒断症状，就是指上瘾者无法服该毒品时出现的生理和精神症状；

• 对个人、家庭、社会都会产生巨大危害性结果。

对于我们学生来说，最容易受摇头丸和 K 粉的侵害，它们常见于一些歌厅、舞厅等娱乐场所。摇头丸又称“狂欢丸”、“狂喜丸”等，是致幻型苯丙胺类兴奋剂的统称，是新型毒品之一。摇头丸通常为丸剂、片剂，形状多种多样，五颜六色，图案繁多，具有强烈的中枢兴奋作用。服用后，作用于人的中枢神经系统，使人极度兴奋或产生错觉，摇头不止，行为失控，极易诱发精神分裂症，引发对自身的伤害，并导致危害社会的行为发生。

K 粉，化学名称为氯胺酮，属静脉全麻药，具有很强的依赖性，服用后，会产生意识与感觉的分离状态，导致神经中毒反应、幻觉和精神分裂症状。表现为头昏、精神错乱、过度兴奋、幻觉、幻听、幻视、运动功能障碍、抑郁及出现怪异和危险行为。

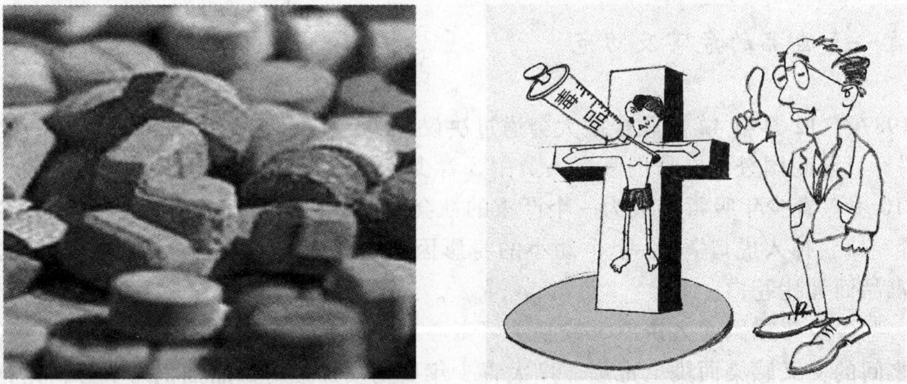


图 5.15　沾染毒品就等于死亡

2. 吸毒的危害及防范

根据现实状况分析，青少年染毒的主观原因主要有以下三个方面：

• 好奇心理驱使。

经调查，在吸毒者中，许多青少年学生或道听途说，或片面理解影视等一些媒体的宣传，对毒品能至幻至快感的说法产生强烈的好奇心理，进而产生一种试试看的体验欲望。有关调查显示，青少年学生出于好奇心理而染上毒品的占 46% 以上。

• 愚昧无知。

在一些学生中，由于文化程度低，涉世不深，分辨是非曲直的能力差，不理解毒品对自己、家庭和社会危害的严重性，甚至不知什么是毒品。加上交友不慎，在所谓的哥们义气和从众心理的作用下被毒友欺骗引诱，最终染上毒品而误入歧途。

警示录

某重点中学的学生李某,17岁，生活在一个幸福的家庭，父母都有固定收入，他也是一个三好学生。一天晚上他到好友家玩，打开门，那好友显得很神秘，用一张香烟锡纸在烫吸，他就明白了好友是在吸毒。好友让他试一口，他竟然心动，从此染上毒瘾。问他为什么上好友的当，他就说："朋友能吸，为什么我不能吸?"

因相信好友而被拉下水的现象在青少年吸毒者中不在少数。所以，假如你的"哥儿们"、"姐妹们"拿出毒品请你吸食，那不是关心你，而是在害你，让你成为再也离不开毒品的人。一旦你吸上了瘾，就不会再送给你了，而是让你用高价购买他们手中的毒品。到时自己不但成了吸毒者，而且也可能成为贩毒分子。

• 精神空虚。

一些学生的生活目的不明确，对生活只有浪漫的憧憬，当碰到学习成绩不理想、失恋挫折、生活压力、家庭矛盾等影响时，他们往往会寻求刺激，借毒品麻醉自己、自我安慰。

吸毒所带来的快感是一时的，但吸毒成瘾所带来的危害是长久的，吸毒不仅毁灭自我，而且殃及家庭、危害社会。

对我们学生来说，吸毒的危害主要表现在：

• 诱发刑事犯罪。

吸毒和犯罪是一对孪生兄弟。吸毒者在耗尽个人和家庭钱财后就会铤而走险，走上违法犯罪的道路。由于没有经济来源，而吸毒的费用是个"无底洞"，我们学生一旦沾上毒品，为了"享受"毒品带来的"快感"，往往会去干以贩并吸、诈骗、盗窃、抢劫、凶杀、卖淫等犯罪活动。

• 摧残身体，加速死亡。

研究证实，毒品能直接改变人脑中部分化学物质的结构，破坏、扰乱人体正常的高级神经活动，有的甚至毒害、损伤神经组织，毒害人体重要的组织器官，导致人体骨瘦如柴；吸毒者难以忍受毒瘾发作的巨大痛苦，往往采取自伤、自残甚至自杀的方式摆脱毒瘾的发作。

• 传染各种疾病。

毒品破坏人体免疫机制，使吸毒者极易感染各种疾病。静脉注射、肌肉或皮下注射的吸毒方式，最容易传染各种皮肤病、性病、艾滋病。另据统计，吸毒者使用不洁注射器，而被感染乙肝或丙肝的，感染率高达22%和68%。

图 5.16　美丽的罂粟花背后是无尽的痛苦和死亡

**警示录**

初夏的一个深夜，一个浑身是血的年轻女子站在某市路中央，手中拿着一枚闪亮的金属片在头上猛割，血顺着伤口一道道淌了下来。这女子姓陆，是一名吸毒者。她的这种骇人举动是由于毒瘾发作所致。在街头闹剧中，陆某突然把金属片放到嘴里吞了下去并大叫：“死掉算了！”赶到现场的民警忙拨打“120”急救电话，把倒在路边吐血、打滚、叫骂的陆某送往该市某医院抢救。

透视结果证实，陆某吞下去的金属片是一个被展平了的打火机金属防风罩，因救护及时，陆某才保住了性命。

吸毒会导致人的生理功能发生紊乱，毒瘾发作时会出现一系列使人感到非常痛苦的反应，失去理智和自控力，甚至自伤、自残和自杀。

**想一想**　在不知情的情况下，被引诱、欺骗吸毒一次，怎么办？

中职生要有效地防止吸食毒品，应做好以下几点：

- 接受毒品基本知识和禁毒法律知识教育，了解毒品的危害，懂得“吸毒一口，掉入虎口”的道理；
- 树立正确的人生观，不盲目追求享受，寻求刺激，赶时髦；
- 不听信毒品能治病，毒品能解脱烦恼和痛苦，毒品能给人带来快乐等各种花言巧语；
- 不结交社会上不三不四的人，不结交有吸毒、贩毒行为的人。如发现亲朋好友中有吸、贩毒行为的人一定要劝阻，并远离他们，同时报告公安机关；
- 不去营业性歌舞厅、酒吧、游戏厅等娱乐场所；一旦在这些娱乐场所中，千万要拒绝接受陌生人的“馈赠”，不接受陌生人给的烟、酒、饮料等；坚决不吸食摇头丸、K粉等。

《未成年人保护法》第36条规定：营业性歌舞娱乐场所、互联网上网服务营业场所等不适宜未成年人活动的场所，不得允许未成年人进入，经营者应当在显著位置设置未成年人禁入标志；对难以判明是否已成年的，应当要求其出示身份证件。

怎么识别火锅和食物中加了罂粟壳？

一些不法商人在所经营的火锅、卤制品中使用罂粟壳作调料，甚至添加鸦片，严重地危害了食用者的身体健康。那么我们怎么来识别呢？

图5.17　罂粟壳

第一，从外观上识别。罂粟壳外形为枣核形，如鸽子蛋大小，一头尖，另一头呈9～12瓣冠状物。其壳体上往往有人为切割的多道刀痕。

第二，初吃加了罂粟壳的火锅和卤制品后，一般有心跳加快、脸微红、口感舒服，吃后不易入睡等感觉。

第三，如吃了火锅和卤制品后觉得可疑，就需要留下不少于50ml的火锅汤（含油少的汤），送到当地的毒品检测机构或公安局的刑事技术化验室进行成分分析。

**我的感悟：**

# 主题6

## 女生特别自卫——如何面对性骚扰

性骚扰，是指违背他人意愿，以肢体行为、语言、文字、音像、电子信息等方式实施的与性有关的侵权行为。

性骚扰表现为对异性品头论足，使用带性色彩的语言挑逗异性；还表现为用淫秽、侮辱性的语言，性诱惑很强的动作，猥亵调戏的行为侵犯异性。进行性骚扰的常见动机是由于对性的好奇，急于尝试和体验性生活；或是为了满足性冲动、发泄性欲。

### 性骚扰的主要形式

• 口头性骚扰。

经常有意地谈起与性有关的话题，对他人的衣着、外表、身体的描述总是与性联系在一起。有时候，还经常讲些色情的笑话或故事，即为口头性骚扰。

口头性骚扰在办公室最常发生。如在办公室里，老总或上司对你说：哎呀，今天你真漂亮啊，真想拥抱你啊；你今天穿得好性感啊，等等。如果你将来的老总或上司总是真真假假半开玩笑地对你说这类话，你可要多防范了。

想一想　如何区分性骚扰与正常接触？

• 行为性骚扰。

故意接触、抚摸他人身体的敏感部位，利用碰撞、拥挤等机会贴紧他人臀部、胸部，或强行与他人勾肩搭背等，有的人还会故意用身体或手做出性暗示等。

例如：在公共汽车上故意贴紧女性胸部、臀部等敏感部位；在办公室强行与女性勾肩搭背等；在学校被异性教师、同学色迷迷地凝视身体的敏感部位；有人故意把色情图片送到你面前传看，或用手做一些下流动作等。

警示录

小飞，女，16岁，某职校会计专业的学生。每天上学、放学都得乘坐17路公交车。上学的第二天，在公交车上，碰到一名30岁左右的陌生男子，一直试图往她身上靠。刚开始，小飞以为是车上人多拥挤，也没怎么在意，便往外挪了挪。见小飞不做声，对方却又跟着往她身边挤了过来，并开始对她动起手来。下车后，这名男子也跟着下了车，并一直尾随到小飞就读的职校门口。为了怕父母担心，回家后小飞没敢将此事告诉父母。可是上学第五天，当小飞再次乘公交车回家时，又在车上碰到了该男子。一上车这名男子就靠在小飞的身边，并用手摸小飞的臀部，小飞吓得向周围乘客求助，但竟然没有任何人上前帮忙或制止。回家后，小飞将此事告诉了父母。

在办公室、在公交车上、在电梯里，女性尤其青少年女生受到性骚扰的情况时常发生。因此，遇到性骚扰时，要敢于反抗，及时向父母、老师反映；此外，在公共场所，我们女生不要穿过分性感、过分暴露的服饰，以免招来不必要的麻烦。

图 5.18　注意与异性交往的距离

- 环境性骚扰。

故意营造一种不健康的环境，或者故意将个人隐私公开化，使得环境产生浓重的性色彩。例如，在公开场合裸露身体，张贴具有淫秽色彩的广告、宣传画等。

- 短信性骚扰。

短信性骚扰是性骚扰的最新形式，主要表现为常给你发与性有关的黄段子。

专家指引

时刻牢记：你的身体属于你自己，如果有人对你的身体动手动脚，而你讨厌那样的行为，或者你认为这是不应该的，那就应该对他喊"不！""住手！""别这样"；也许有人在你面前说一些下流话，用不文明的词语描述你身体的某些敏感部位，而这种行为使你觉得恼怒，那就命令那家伙"住嘴！"，而不管那人是谁！

## 防范性骚扰的对策

性骚扰的危害性极大，它严重摧残青少年的身心健康，败坏社会风气，破坏社会治安。青少年必须学会保护自己的本领，采取必要的防范与防卫手段，性骚扰的情况比较复杂，防范与防卫手段也是多方面的。

- 学生穿着要得体，体现少女和学生的身份，在公开场合不要穿过分暴露身体敏感部位的服装，如：吊带服、背心、超短裙等；
- 在公共场合，如办公室、公共汽车上、电梯里，如果遇到骚扰者故意挤蹭、抚摸你的身体敏感部位，不妨对他高声警告，大胆说不。

**警示录**

刚从职校毕业的陈玲玲在一家电脑公司当职员，公司办公室张主任常趁没人时对陈玲玲说些关心的话并借机抚摸陈玲玲的头发。玲玲心里感到很厌恶，但又怕得罪了主任，为了保住好不容易找到的工作，一直不敢声张。于是，张主任得寸进尺，时常有意无意地把手放在玲玲的腰上、用手碰她的肩膀，有一次还触碰到玲玲的胸部。一天，张主任把玲玲叫到其办公室，说话间又伸手触摸玲玲的肩膀，忍无可忍的玲玲，在张主任伸手摸向她的胸部时，用高跟鞋狠狠地踩了他的脚，张主任痛得龇牙咧嘴，却不敢吭声。之后，张主任对玲玲一直很客气，再也不敢骚扰她了。

通常，骚扰者是害怕被别人发现龌龊行为的。很多情况下，骚扰者是先试探，如果被骚扰者忍气吞声，他们就变本加厉，甚至肆无忌惮；反之，被骚扰者一开始就敢于反抗，表明你的态度，在绝大多数情况下，骚扰者是不敢再对你动手动脚的。在必要的情况下，可以向上级部门或领导反映情况。平时注意证据的保留，如骚扰者发出的短信等，一旦需要求助于法律时，才有证据支持。

《未成年人保护法》第5条规定：尊重未成年人的人格尊严；第41条规定：禁止拐卖、绑架、虐待未成年人，禁止对未成年人实施性侵害。

- 对你比较熟悉甚至你所爱戴的人，如邻居、亲戚、同学、老师等，有强行触摸你身体的某些敏感部位的行为，要从亲情、友情或师生情的束缚中跳出来，不要保持沉默，要义正词严地表明界限；

- 不要被利益所诱惑。给你高分数、请你吃饭看电影、帮你做作业、让你当干部、给你换轻松的工作岗位等，这些利益也许对你有诱惑力，但要记住，这也许是骚扰你的开始，千万不可被利益蒙蔽了双眼；
- 如果发现你的上司、你的老板有骚扰你的意图或行为，尽量不要与他单独相处；
- 发现医生借用职务之便对你性骚扰时，要拒绝医生继续看病检查，问题严重的，及时向医院领导反映；
- 收到与性有关的礼物、图片、刊物等，要及时地退回，并告诉对方你的不满；收到与性有关的信息，坚决不予回信。

**我的感悟：**

______________________________

______________________________

______________________________

______________________________

# 主题7

## 识别求职中的"陷阱"

对于众多的求职者来说，通常的求职途径主要包括媒体、网络广告、各类人才市场、人力资源公司、职业介绍所等。尽管广泛的求职市场上存在许多的机会，但也要意识到其中也有可能存在许多骗局与陷阱，加之骗术手法的"日新月异"，求职者一定要提高警惕，不要麻痹轻信，以确保个人财产和人身安全。

**警示录**

董某，一位已毕业一年的中职生，和几位同学一起满怀憧憬到深圳找工作。他在马路边张贴的广告单上看到了一份"工作环境舒适、薪水优厚"的文员职位，再看学历要求等基本条件也都符合要求，于是兴冲冲地跑去应聘。在交纳了各种名目的保证金之后，公司通知一周后上班，待一周后董某到公司上班时，那里早已人去楼空。

即将步入职场、缺乏社会经验的你，在求职过程中容易误入形形色色的招聘陷阱。在大多数骗局中，骗子能够得逞，往往是因为受害人贪心、轻信，以致丧失了起码的辨

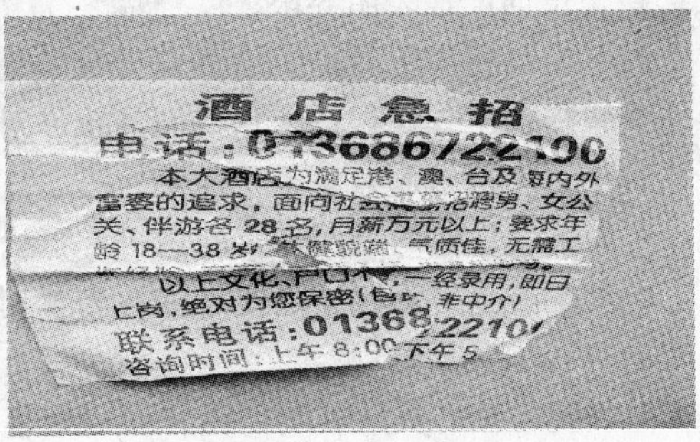


图 5.19 路边招聘广告，小心求职陷阱

别常识和防范意识。如果你有预先防范的意识和能力，仔细甄别真假招聘，相信再深的阱也不能把你陷进去。

### 求职途中骗招种种

各类非法招聘层出不穷，挖空心思骗取求职者钱财：有的冒充用人单位或中介单位收取就业押金、中介费；有的专门骗取求职简历，据此向用人企业收取招聘费、信息费；有的打着招聘的名义将求职者带入传销陷阱；有的举办非法招聘会，一面收取求职者门票，一面收取用人单位展位费。

1. 假招聘诈人钱财

**警示录**

> 小韩到一家公司面试，公司让他交纳20元报名费之后等通知，几天后通知他已经被录取。正当小韩高兴之余，公司又要他再交纳300元食宿押金，小韩想反正工作也定了，交也无妨。可没过几天，公司又要求交纳500元培训费，小韩这时候觉得有点不对劲，拒绝交纳。结果工作没了，前两次交的钱也拿不回来。

根据劳动合同法及相关法律法规、规章的规定，用人单位不得收取任何形式押金。有些用人单位会将押金改为诸如“保证金、服装费、培训费”等各种名目，其性质并未改变，都是一种欺诈行为。更有用人单位层层设卡，利用求职者“反正已经交了那么多，现在如果不交那前面的都打水漂了”的心理层层收费。小韩遇到的公司就是以公司名义搞假招工，非法骗取报名费、培训费、押金等费用。

《中华人民共和国劳动合同法》第 9 条规定：用人单位招用劳动者，不得扣押劳动者的居民身份证和其他证件，不得要求劳动者提供担保或者以其他名义向劳动者收取财物。因此，你在求职中，要大胆对招聘企业向你收取各种名目的费用说“不”。

当你收到企业的面试通知时，你第一步要做的就是查询一下企业的真实性，问清公司名、网站、公司地址、公司电话、面试时间、面试地点。如果企业给你发出面试通知，面试的地点不是企业的办公地点，而是在宾馆、酒店、招待所等一些偏僻的地方，你最好不要去面试。

警示录

马小姐去一家翻译公司应聘，面试地点安排在一家豪华酒店的套房内，一轮面试后紧接着就在房间里开始一轮笔试，马小姐心想这家公司还挺严谨的，暗自庆幸自己遇上个好单位。笔试过程中，在门口监考的该公司“负责人”忽然拿着手机“非常不好意思”地走到马小姐面前，说他的手机没电了，想借马小姐手机回个电话。马小姐把手机递过去又开始埋头答题。几分钟后，题目做完了，但是“考官”连同拿走的手机和马小姐的挎包一起不见踪迹了，她跑去问酒店的前台，被告之对方已经退房了。

骗子公司大都来头大，打着高科技、集团的名义进行招聘，待遇高，每月 3000—5000 元，而且是急聘。马小姐遇到的这家“公司”是专门利用求职者不设防的善良心理，骗取手机等贵重物品。

求职者如遇公司直招的情况，首先要观察公司环境、办公设备等，如果是在过于简陋的地方或者宾馆客房之类就要留个心眼，千万不要轻易相信诸如“正在装修、正准备搬家”之类的理由，也不要被“考官”道貌岸然的外表所蒙蔽。

2. 高薪招聘骗钱

警示录

广州大学2006届应届毕业生包某应聘某公司的销售员。为保险起见，他特意签订了月薪3000元以上、公司包吃包住的合同，交纳了500元的职业介绍费和毕业证书。但他进公司后才知道，该公司销售人员的工资上不封顶下不保底，与销售额直接挂钩，在公司十几名销售员中，没有一位拿过3000多元这么高的月工资。而公司许诺的住房其实是一间破旧的仓库，不到30平方米，却挤住了8个人。

公司副总解释说："你如果好好干，月工资肯定不会低于3000元，至于住房嘛，不就是条件差点儿？难道你还想住宾馆？不想干就走人。"

以高工资、高待遇、好工种等条件为诱饵，引诱求职者上钩，等你交了相关费用和证书进入单位，发现工资、待遇和工种与当初承诺的截然不同，提出不干时，就以你自己违约辞职为由，拒不退还收取的费用并且往往遭到扣证威胁。

警示录

本酒店高薪诚聘公关人员，年轻男女，体貌端正，性格开放，工作轻松，环境舒适，底薪2000元以上，陪伴客人另有奖金和小费，每月收入可达2万元，联系人：××经理电话：××××××××××××。

这是一个招聘色情类职务的广告。如果你对于这份既不"辛苦"又有"高薪"的工作动了心，拨通了电话，那么骗局会等着你了，对方一般会装模作样要求你先去某某酒店大厅面试，并要你到了大厅后就给他电话。结果等你到了酒店大厅打通了对方的电话后，他会说已经在暗中观察了你，感觉情况可以，可以上班。因为工作特殊，需要先交服装费，然后，给你一个公司银行账号，待你汇钱之后，对方又会要求你再汇培训费。只要感觉你没有怀疑，还有钱可骗，他们就会编造理由一直骗下去，等到你产生怀疑再打电话时，却再也打不通他们的电话了。

对于我们这些涉世不深、单纯没经验的学生来说，一定要明白"天上不会掉馅饼"的道理。当你业余兼职、应聘职位的时候，切记睁开你的一双慧眼，识别真假是非，以免上当。

3. 黑中介骗钱财

警示录

李先生通过深圳龙岗的一家职介所找了份工作，在交纳了押金之后，中介交给他一份工作安置函，让他去一家单位报到。李先生发现中介介绍的那家公司并没有提供原先承诺的工作岗位和条件，当他重新返回那家职介所要求退还押金时，遭到粗暴拒绝。

许多黑职介、皮包公司正是利用了众多求职者在求职过程中过于盲目的特点，设置陷阱，骗取押金，谋取不法利益。

专家指引

求职时一定要到正规的中介去，同时应查看中介是否有工商局颁发的“营业执照”和劳动局的“职业介绍许可证”原件。

图 5.20　到政府主办的招聘市场求职

4. 网络招聘诈骗

警示录

小胡是武汉某中职学校的应届毕业生。她想通过网络求职，于是将个人资料在互联网上公开，并将手机、寝室电话同时公布。一段时间后，陆续有几家用人单位与之联系，提出面试要求。

一天，小胡接到一个自称是上海一家公司的电话，称为了核实其学生身份和家庭情况，要求小胡告知其家庭电话号码。小胡觉得用人单位想核实她的真实情况也是正常的，于是将家庭电话告诉了对方。

次日上午，她屡次接到要其帮忙疏通下水道的电话。她十分生气责问对方，为什么打她这个电话？对方说是看到了墙上的小广告："138………疏通下水道"。以后几天小胡陆续接到不少这种电话，受不了骚扰的小胡，就将手机关闭。就在这段时间里，有人打电话到她的寝室，声称是电信部门的维修人员。那人声称，发现有其他人把电话串连到她们寝室的电话上，有可能是为了偷听她们的通话内容。电信部门现在正在测试，要求她们将电话插头拔掉，估计六七个小时后就可以测试出来。几个女生一听吓了一跳，一致怀疑是男同学为了偷听她们的通话内容而做的手脚。她们希望电信部门的维修人员马上帮她们搞定，于是就拔掉电话的插头。

紧接着，远在郑州家中的胡父接到了一自称是武汉市某医院急救中心主任的电话，称他的女儿因交通事故在医院抢救，需汇款30000元到院方指定的账户，否则将影响抢救。胡父在与女儿、女儿同室同学联系未果的情况下，救女心切，当日先后分三次共汇款25000元到指定账号。几个小时后，胡父通过电话联系上女儿，才得知这一切竟是个骗局。

这种骗术十分流行，有的人无意间被骗子探听到家中的电话号码，就出现了类似的骗局。有的人在手机丢失后，没来得及挂失，骗子就利用手机里存储的电话号码行骗。由于存储的亲友号码众多，难免有上当受骗的，所以大家都要对这种骗术提高警惕。

### 求职中如何避免上当受骗

我们学生求职中容易上当受骗，主要是因为求职心切，为尽快找到工作而"饥不择食"，加之有些假中介花言巧语的诱惑，使很多求职的学生迫不急待地交钱应聘，上当受骗。如果我们有预先防范的意识和能力，仔细甄别真假招聘，骗子们的招数也就不灵验了。

1. 通过正规媒介查询招聘信息

无数案例告诉我们：求职应聘要选择正规渠道的招聘信息，如人才大市场及经劳动部门审核通过的合法职介机构提供的就业信息，不要相信路边招聘广告。

女生求职特别提醒：避免只身单独前往陌生的、私人的场所应试、应聘，尤其是招聘信息不是来自于正规渠道的。

2. 通过职介中心找工作，一定要找合法中介。合法中介应有工商营业执照，收费应开具有效的票据。

图 5.21　求职中谨防陷阱

3. 不要为职位的光环所迷惑

职位的名称只是一个符号而已，搞清楚具体的职位内容才最重要。有的用人单位提供一些虚而不实的职位，常常冠以“高级主管”等头衔，又强调无需经验，这里面肯定大有文章。这种陷阱的辨别方法很简单，那就是这些单位对所招聘的职位要求都很简单、很笼统，似乎很多人都适合。

**想一想**

“聘：优秀业务人员数名，年龄不限，有无经验均可，月薪2000元以上，免费食宿，每年有带薪假期，且有晋升机会。联系电话×××××××”。对这样的招聘广告，你有什么看法？是招聘陷阱吗？

4. 在正式进入企业应聘之前，想方设法对企业进行较全面的了解。

5. 在求职前或求职过程中，应主动学习一些劳动法规和相关政策，提高自己的求职素质和独立思考的能力，以维护自己的合法权益。

**小卫士**

求职中如果发现被骗上当，应立即向工商管理部门、劳动管理部门或公安机关报案，寻求法律帮助，维护自己的合法权益。

**我的感悟：**

## 学以致用

一、请你判断下面的做法是对还是错？

• 陈全忠与李志勇是同学和邻居，两人从小一起长大，很要好。每天上学或放学时，他们俩总是骑着自行车结伴而行。陈全忠车技非凡，能撒手骑车，李志勇却不这样做，还常常劝阻陈全忠，陈全忠为此常常笑李志勇像个女孩子，没有男子汉气概。

• 郑玲玲在 QQ 上认识了一位网友丽君，丽君自称也是一个女孩子，聊天时文文静静的。郑玲玲觉得两人聊得很投缘，对方又是女孩子，便把家里电话号码告诉了丽君。

• 范艺收到主题为“生财有道”的电子邮件，她没有打开，直接删除了。

• 遇到歹徒抢劫一定要大声呼叫，争取周围人的帮助。

• 夏季，张美惠经常穿很性感的紧身衣服坐公交车到学校上课。

• 只要有招聘信息都要去试试。

• 吸毒最大危害是浪费大量钱财。

二、有关上网的问卷调查

• 你通常在什么地方上网？(　　)

A. 学校　　B. 家里

C. 网吧　　D. 图书阅览室

• 你每周上网的时间约是多少？(　　)

A. 一小时以内　　B. 一到两小时

C. 两到四小时　　D. 四小时以上

• 你上网的目的是(　　)。

A. 聊天交友　　B. 玩游戏

C. 查资料　　D. 学习

• 你上网玩游戏的程度是(　　)。

A. 非常迷恋　　B. 较迷恋

C. 偶尔玩　　D. 几乎不玩

• 上网是否有对你的学习带来负面影响？(　　)

A. 没有　　B. 有，但不大

C. 比较大　　D. 非常大

• 你认为在网上最应该具备哪些基本的道德素质？(　　)

A. 诚实守信，不违法

B. 可以保护自己的隐私，但不能伤害别人

C. 网络是虚拟的，互相欺骗很正常

D. 不清楚

三、如果你与你的同学决定利用暑假，骑自行车外出进行社会调查，你们应当注意哪些安全问题？

四、如果你毕业了，求职过程中你会怎么做？

五、一天晚上，学生小江学习完毕，骑着自行车回家，途中遇到了一伙青年，这伙青年借故说小江的自行车是偷来的，硬要把它扣下，否则就不客气，其中长发的青年还拿出一把尖刀来威胁小江。此时，小江不但不惊恐，反倒对这伙青年很客气，说“小意思，这车就算送给你们，反正家里还有一辆新的。”这伙青年见小江如此“上道”，说咱们以后就是兄弟了，有什么事尽管来找我们好了。这时，小江开始对这伙青年诉苦了，说自己在学校里经常遭人欺负，一直想交几个朋友帮助来教训教训专门欺负自己的人，今天能够与你们认识，结为兄弟，非常高兴。这伙青年为首的高个子，听到小江这番话后，他胸口一拍，说过几天请我们走一趟就行了，并把自己的手机号码告诉了小江。第二天早晨，小江在父母亲的陪同下，来到派出所报案，公安机关依据那个高个子留下的手机号码，很快将这伙专门拦路抢劫的罪犯一网打尽。

分析：小江的做法很聪明吧？如果你也遇到这样的情况该怎么办？

# 模块六

# 突发公共卫生事件篇

**指 南 针**

随着社会进步和经济的发展，人民生活水平不断提高，生活方式发生了很大变化，但是各种各样的疾病也随之而来，一些突如其来的疾病灾害，严重威胁着人民健康和生命安全，也影响了我国经济发展、社会稳定和对外交往，有时甚至会造成巨大损失。

当前，影响我国人民健康的主要危险因素是行为习惯与生活方式以及环境因素给人们带来的伤害，要避免造成意想不到的伤害，就要预防和控制传染病、慢性非传染性疾病对人类健康的威胁，警示人们的行为习惯，预防各种疾病的发生。但是，中国是一个人口众多的国家，单靠医疗技术的提高来防止威胁着人类健康的大型疾病，是难以奏效的，只有发动社会全员共同参与，大力开展社会健康教育，让人们充分了解防范传染病的重要性以及行为习惯可能会导致的各类传染病的传播等，才能保障人民健康幸福的生活。我们青年学生是社会建设的生力军，在各类传染性疾病的预防和控制上理应起到领头羊的作用。

本模块对甲型 H1N1 流感、禽流感、“非典”等多种传染病以及艾滋病的病因及相关预防措施进行了介绍，目的是为了提高人们预防和控制突发性传染病的能力，保障人民的身体健康与生命安全。同时，让我们中职生了解一些有关传染性疾病的防御知识，更有利于维护学校的正常教学秩序和校园稳定。这些知识对我们学生怎样预防和避免受到意外伤害有一定指导作用。希望我们能从中得到一些收获，健康成长。

进入 21 世纪以来，新发传染病接踵而至，给社会发展和人民生活带来严重威胁。这些新发传染病的突出特点是传播速度快，传播范围广，对人群健康和经济发展危害大。如严重呼吸道综合征（非典型肺炎，SARS）、人禽流感、甲型（H1N1）流感等就是新发传染病。

除了这些新型传染病对人们健康的影响外，还有其他一些老传染病如霍乱、结核、乙肝、流感等对人们生活的影响并没有减轻，倒有卷土重来的趋势，同样应该引起人们对其预防措施的重视。

艾滋病也正在严重威胁着我国人民的生命安全。国家卫生部统计，到 2008 年 9 月 30 日，中国累计报告艾滋病病例 264302 例，其中艾滋病病人 77753 例；报告死亡 34864 例。2008 年 1—9 月共报告发现艾滋病毒感染者和病人 44839 例，报告死亡 6897 例，从这些数据显示，艾滋病对人民的生命安全的威胁正在加剧。

**心　语**

从近年来我国发布的疫情报告发现，对我国人民生命财产危害最大、对我国政治经济影响最大、最需要我们重视的，就是各类传染病。在社会文明已高度发展的今天，为什么这些传染病还这样猖獗？这是一个需要我们深入思考的问题。传染病等安全隐患虽然正在威胁着人们尤其是青少年学生的安全，但也不需要谈其色变，因为传染病在人群中的传播必须具备三个条件：即传染源、传播途径和易感人群。打断其中任何一个环节，就能控制传染病的流行。只要在全社会进行预防传染病的健康教育，倡导文明健康的生活方式，提高公众对传染病的防治意识和应对能力，加强环境卫生建设，消除鼠害和蚊、蝇等病媒生物的危害；对污水、污物、粪便进行无害化处置；实行有计划的预防接种制度；对传染病病人、病原携带者和疑似传染病病人进行隔离管理等，就能有效地防止大型疫病对人类的攻击。

# 主题 1

## 传染病来袭，你准备好了吗

随着医疗技术的进步和公共卫生条件的改善，人们对传染病的警惕性也大大降低，但是现实告诉人们，传染病仍然是人类健康的主要威胁。许多严重的传统传染病已基本得到控制，但新的病原体及其所致的疾病不断出现。同时，部分传统的传染病也有死灰复燃的趋势，如结核病、肝炎等。

### 甲型 H1N1 流感

甲型 H1N1 流感？是甲型（A 型）流感病毒引起的人或猪共患的呼吸道传染性疾病。2009 年 4 月 30 日世界卫生组织、联合国粮食及农业组织和世界动物卫生组织宣布，一致同意使用 A（H1N1）型流感（即甲型 H1N1 流感）指代当时疫情，并不再使用“猪流感”一词。

2009 年 3 月，墨西哥和美国等先后发生甲型 H1N1 流感，其病毒为 A 型流感病毒，H1N1 亚型猪流感病毒毒株，该毒株包含有猪流感、禽流感和人流感三种流感病毒的基因片断，是一种新型猪流感病毒，可以人传染人。2009 年 6 月 22 日，河南华兰生物工程股份有限公司宣布，已经成功生产出国内首批甲型 H1N1 流感疫苗，7 月进行临床实验，9 月向社会面世，正式用于人体接种。

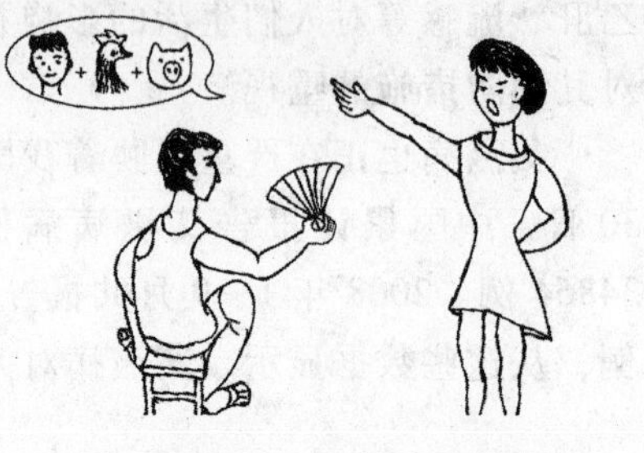

图 6.1　甲型 H1N1 流感病毒是猪流感、禽流感和人流感三种流感病毒的组合

甲型 H1N1 流感传播速度快，范围广。据世界卫生组织 2009 年 12 月 30 日公布的最新疫情通报，截止到 2009 年 12 月 27 日，甲型 H1N1 流感在全球已造成至少 12220 人死亡；据中国卫生部通报，截止到 2010 年 1 月 18 日，中国内地已有 124764 例甲型 H1N1 流感确诊病例（不包括临床诊断病例），其中 744 例死亡，中国香港共有 56 例死亡病例报告，中国澳门有 2 例死亡病例报告，中国台湾共有 38 例死亡病例报告。

1. 主要症状及传播途径

甲型 H1N1 流感的潜伏期一般是 1 至 7 天左右，较流感、禽流感潜伏期长。人感染甲型 H1N1 流感后的早期症状与普通人流感相似，包括发热、咳嗽、喉痛、身体疼痛、头痛、发冷和疲劳等，有些还会出现腹泻或呕吐、肌肉痛或疲倦、眼睛发红等。

部分患者病情可迅速发展，来势凶猛、突然高热、体温超过 39℃，甚至继发严重肺炎、急性呼吸窘迫综合征、肺出血、胸腔积液、全血细胞减少、肾功能衰竭、败血症、休克、呼吸衰竭及多器官损伤，导致死亡。

感染甲型 H1N1 流感后，要注意休息、多饮水、注意营养，密切观察病情变化；发病初 48 小时是最佳治疗期，对高热、临床症状明显者，应拍胸片，查血气。药物治疗。可试用奥司他韦（达菲）。达菲是一种神经氨酸酶抑制剂，对甲型 H1N1 流感病毒有抑制作用。

甲型 H1N1 流感的传染源一般认为是患病的人或者隐性感染者，到目前为止没有发现包括猪在内的各种动物可以作为传染源对人类构成威胁。不过现在已证实感染这种病毒的动物可传播。

甲型 H1N1 流感传播途径主要为呼吸道传播，病毒通过感染者咳嗽和打喷嚏等传染他人，也可通过接触感染者及其污染物、周围污染的环境或气溶胶等途径传播。

对于甲型 H1N1 流感早发现、早诊断是治疗的关键。对疑似和确诊患者应进行就地隔离治疗，尽量避免与他人接触。这是一种新型病毒，人群普遍易感。尤其是人员集中的学校更要注意预防。

2. 预防措施

在预防方面，没必要接种人流感疫苗，因为预防季节性流感疫苗对预防甲型 H1N1 流感并无效果。

● 学校正确的做法是培养学生良好的个人卫生习惯，引导学生充足睡眠、勤于锻炼、减少压力、注意营养；

● 勤洗手，尤其是接触过公共物品后要先洗手再触摸自己的眼睛、鼻子和嘴巴；室内保持通风；避免前往人群拥挤场所，咳嗽或打喷嚏时用纸巾遮住口鼻，然后将纸巾丢进垃圾桶等，这些方面是我们学生最易做到而又最易忽视的地方；

● 避免接触流感样症状（发热，咳嗽，流涕等）或肺炎等呼吸道病人；

● 常备治疗感冒的药物，一旦出现流感样症状（发热、咳嗽、流涕等），应尽早服药对症治疗，并尽快就医，不要上学，尽量减少与他人接触的机会。并向当地公共卫生机构和检验检疫部门说明。

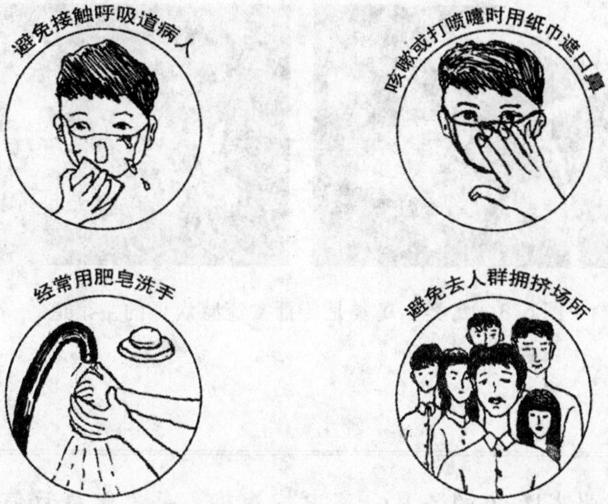


图 6.2　预防甲型 H1N1 流感

**禽流感**

在铺天盖地的有关禽流感的说法中，我们最常听到的就是 H5N1 病毒，1878 年，禽流感在意大利的首次爆发使人们开始认识到这种极具杀伤力的传染病。此后，禽流感病毒在近两个世纪中，不断地侵袭着整个世界。目前对禽流感尚无可靠的治疗方法。

小卫士

禽流感病毒在外界环境中存活能力较差，只要消毒措施得当，就不难杀灭。养禽场常用的消毒剂，如醛类、含氯制剂类、氧化剂、碱类等都能杀死环境中的病毒。

禽流感是禽类流行性感冒（Avian Influenza，AI）的简称，是一种主要流行于禽类的烈性传染病。

禽流感可分为高致病性、低致病性和非致病性三大类。高致病性禽流感一年四季均可发生，但在冬春两季多发，因为禽流感病毒在低温条件下抵抗力较强。各种品种和不同日龄的禽类均可感染高致病性禽流感，发病急、传播快，其致死率可达100%。

1. 禽流感的传播途径、常见症状

禽流感的传播途径有病禽和健康禽直接接触和病毒污染物间接接触两种。禽流感病毒存在于病禽和感染禽的消化道、呼吸道和禽类脏器组织中。病毒可随眼、鼻、口腔分泌物及粪便排出体外，粪便是禽流感传播的主要渠道。

因此，在爆发禽流感期间，我们要尽量避免接触以上携带有禽流感病毒的禽类、物品和工具等。

图 6.3　禽类、鸟类是传播禽流感病毒的主渠道

警示录

贵州省16岁的吴昊，家中饲养鸡，每次学校放假他也主动帮助给鸡喂食或打扫鸡舍。2009年元月他感到身体不适，突发高烧，在地方治疗无效，后转入湖南省怀化市住院治疗，但不治身亡。调查发现，患者发病前曾接触过病死家禽。

人接触染病的禽类都有危险。因为家禽的粪便或呼吸道分泌物是传播病毒的主要的最直接的方法。因此，和禽类接触者一定要做好防护工作。

目前只发现经家禽传染给人的病例，还没有发现人与人之间传染的案例。如果病毒变种，就可能出现人与人之间的传播。

> **小卫士**
>
> 世界卫生组织（WHO）指出：少量染病的家禽能幸存下来，但它们至少在10天之内还会排泄含病毒的粪便，如果接触时不设防仍然有感染病毒的危险。

人一般不会感染禽流感病毒，因为接触不到高致病性禽流感病禽。市场上销售的禽类和禽类制品已经经过卫生部门严格的检验和检疫，病禽和不合格禽类制品不会进入市场流通。而且禽类和禽类制品都是经过水煮或烧烤等处理加工后供食用，在这样的加工处理过程中，病毒被完全破坏和灭活，不再具有感染性。

但是在禽流感爆发期间，接触禽类时一定要有防护措施，否则就会有被病毒感染的危险。接触禽类后用洗手液及清水彻底洗净双手；所有暴露于感染禽鸟和疑似病禽现场的人员均应接受卫生部门监测，避免接触性感染。

人禽流感潜伏期一般在 7 天以内。早期症状与其他流感非常相似，主要表现为发热、流涕、鼻塞、咳嗽、咽痛、头痛、全身不适。部分患者可有恶心、腹泻、腹痛、稀水样便等消化道症状。体温多持续在 39℃以上。一旦引起病毒性肺炎，可致多脏器功能衰竭，病死率高。

> **想一想**
>
> 有了禽流感，就谈“禽”色变，有必要吗？

2. 预防措施

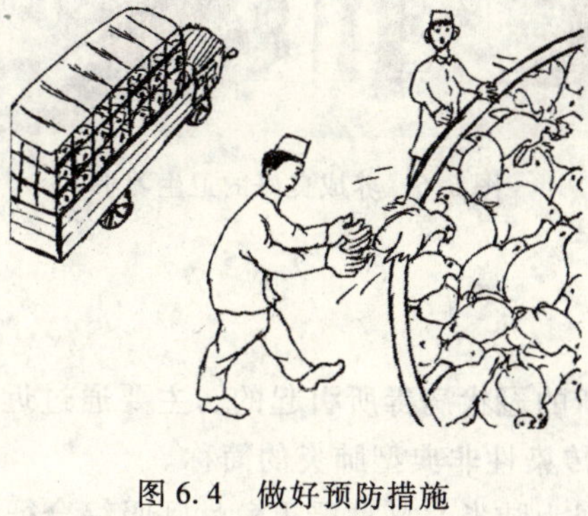

图 6.4　做好预防措施

● 如有禽流感疫病流行，快速宰杀感染的或者暴露的禽类，并妥善处理畜体，对饲养场所严格检疫和消毒。

● 严格控制鲜活禽类在国际、国内间的流动。我国目前采取的灭杀方式为：迅速将禽流感发生地3公里以内的家禽全部扑杀，并对5公里以内的家禽实施强制性疫苗免疫接种。

所有人感染高致病性禽流感的病例中，患者皆与禽类有过密切接触。为预防人感染禽流感，我们必须注意处理与禽类接触的每个环节。

● 禽类食物要煮熟、煮透方可食用。对家养宠物饮食器具要定期清洗、消毒。在这一点上学校对学生要做好相应的宣传和预防引导。

图6.5　避免接触禽类

如果家中饲养禽类有病死现象，就需要对周围环境进行消毒。例如84消毒液含氯消毒剂，就能杀灭环境中的禽流感病毒。

人一旦出现头痛、发热、呼吸道感染等症状，应及时就医。一旦被怀疑为H5N1病毒感染，应马上住院隔离治疗，防止病情恶化和传染扩散。

● 不提倡自行宰杀禽类。接触禽类后，应彻底清洗双手，避免被病毒感染。

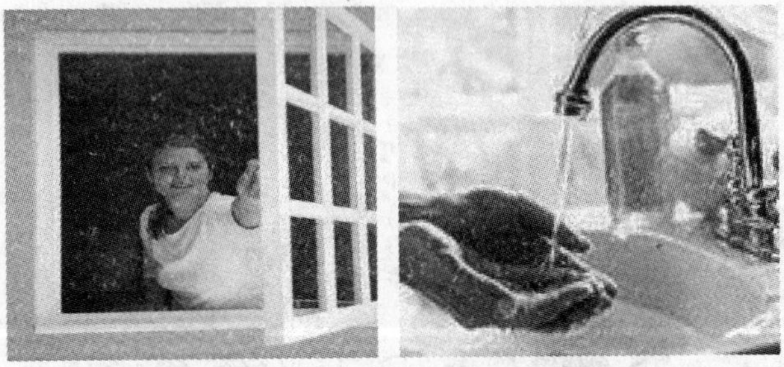

图6.6　养成良好的卫生习惯

### “非典”

“非典”特指由一种新的冠状病毒所引起的、主要通过近距离空气飞沫和密切接触传播的呼吸道传染病，是传染性非典型肺炎的简称。

“非典”临床主要表现为肺炎，又称严重急性呼吸综合征，简称SARS。

警示录

2003 年 2 月，广东非典型肺炎进入发病高峰，全省发现病例达 218 例。那时，人们争相购买板蓝根等药物，作为预防之用。一些药店的药物脱销，许多药店都采取限购板蓝根的规定。

自 2003 年 8 月 16 日下午 16 时，中国卫生部宣布全国非典型肺炎零病例起，中国内地到现在累计病例 5327 例，死亡 349 人；中国香港 1755 例，死亡 300 人；中国台湾 665 例，死亡 180 人；加拿大 251 例，死亡 41 人；新加坡 238 例，死亡 33 人；越南 63 例，死亡 5 人。

当“非典”疫情迎面袭来，生命突然变得如此脆弱，在这样的时刻，人们会突然感觉到一种无以名状的恐惧。如果我们对一些传染性疾病的预防知识有所了解，就不会如此恐慌了。

1. “非典”的临床症状、传播途径

● 临床症状。

非典型肺炎的临床表现多为急性起病。发热为首发症状，体温 38 ~ 40℃；偶有畏寒，伴有或不伴有头痛、关节和全身酸痛，可有胸痛或腹泻；有逐渐明显的呼吸道症状：干咳、偶有血丝痰，严重者出现呼吸急促、胸闷等。个别病人可发展成呼吸窘迫综合征，导致呼吸衰竭。

SARS 是一种新的呼吸道传染病，极强的传染性与病的快速进展是此病的主要特点。是一种新出现的病毒，人群不具有免疫力，普遍易感。此病病死率约在 15% 左右，主要是冬春季发病。

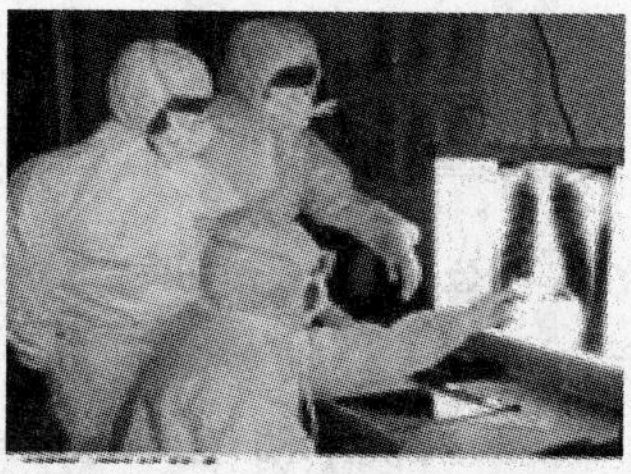

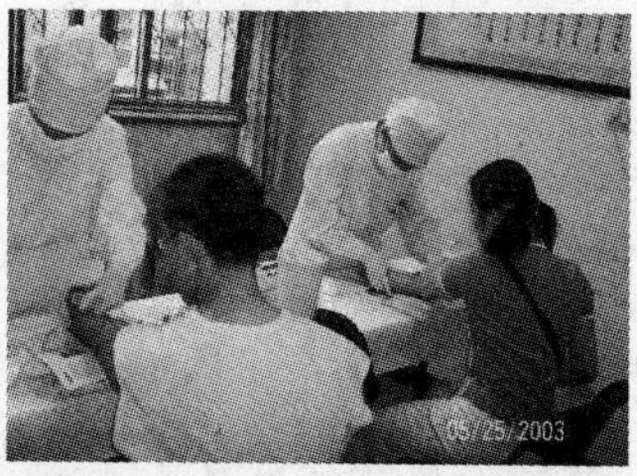


图 6.7 阻击非典

警示录

“非典”时期，一所职校里，早晨学生一进班级就议论开了：“你们知道今天的非典病人增加到几人啦？”“看过今天的新闻了吗？”“我妈妈今天还在家休息，不能去外地工作，她可着急了！”“这几天我一直在吃‘泡腾片’，可以增强体质，要注意常洗手。”

在“非典”的特殊时期，同学们都在关注疫病的情况、病人的安危；相应的预防措施；卫生保健……他们也是社会大家庭中的一份子，虽然他们的力量微不足道，可是他们对“非典”的关注和关爱不亚于成人，他们俨然成了真正的“小卫士”。

非典性肺炎潜伏期一般在4—10天，临床报告最短病例为1天，最长有20天，甚至有及个别病例达到28天。

由于“非典型肺炎”潜伏期内仍有传染性，如果出现高烧、干咳、呼吸急促的现象等症状，应及时去医院住院观察，并做好自我隔离工作，以保护身边的健康人群！

- 传播途径。

“非典”的传播主要有三种途径：

(1) 近距离飞沫传播。飞沫是非典型肺炎病原体传播的途径之一，通常情况下，病原体在大约一米以内可通过飞沫传播。

(2) 分泌物通过手传播，因易感者的手直接或间接接触了患者的分泌物、排泄物以及其他被污染的物品受到感染。

(3) 密切接触患者传播，即直接接触病人后，病毒通过手，再揉鼻子、眼睛等经口、鼻、眼黏膜侵入机体而实现的传播。

另外也可以通过空气污染物气溶胶颗粒这一载体，在空气中作中距离传播。研究发现，依靠新的传播途径，病毒至少可以在空气中传播25米。

2003年3月，北京某医院收治一位诊断为脑出血、脑梗塞伴发热的91岁男性患者，医治无效死亡，死前未诊断患者是SARS。其陪护的家属、同病房的病友和参加抢救的医护人员中陆续出现一批临床诊断为SARS的病人，追查到的病例达37人（不包括其本人），死亡1人，该案例追踪到的37名SARS病例均有与前代病例症状期接触史。

这一案例中患者的家属、同病房的病友以及参加抢救的医护人员，是在病人的潜伏期被传染的，在没有意识到患者所携带的具有传染性病毒的情况下，没有采取任何防护措施不同程度的和患者有较近距离的接触，导致都感染了这种疾病，不管患者是否患的传染病，我们都应该做好防御措施，有备无患总不会错。

小卫士

四勤：勤洗手、勤洗脸、勤饮水、勤通风；四早：早发现、早诊断、早隔离、早治疗；四好：心态调整好、身体锻炼好、休息睡眠好、口罩戴得好。

2. 如何预防

● 由于我们学生在校时都是集中上课、集体生活，需要特别注意同伴之间的接触，如果发现同学有发热、干咳等症状，应立即通告班主任或校医务所，以便及时检查隔离；

● 远离患者，当“SARS”患者咳嗽或打喷嚏时，飞沫会落在他们自己、其他人或附近物体表面，这就是传染性液滴的来源；

● 在疫期，不论关系多好，同学之间不要借用日常洗漱用品和饭碗，否则极易导致交叉感染，即使是平时，也最好不用他人的这些物品；

● 对患者要早隔离、早治疗，SARS 的疑似患者、临床诊断患者和确诊患者均应立即住院隔离治疗；

● 主动加强感染控制，当“非典”这种疫病流行时，我们学生应自觉做到并引导周围的人们形成良好的个人卫生习惯，防止 SARS 进一步传播。

● 疫期不到人流量大的地方，尽量避免到影院、公园、商场等公共场所和乘坐公交车；如果避免不了，必须做好个人防护，戴上口罩和手套，任何时候自我保护是最好的阻隔疾病传播的办法；

● 我们学生要自觉承担疫病的防护责任，配合医务人员对每例 SARS 患者、疑似患者都应追溯其发病前 3 天和症状期密切接触者，注意避免交叉感染的可能；尽己所能做好防病宣传。

警示录

袁日涉，女，1993 年出生在北京市东城区景山街道，是北京市第 65 中学学生。2003 年“非典”期间，10 岁的她建立“袁日涉抗击非典网站”，为抗击非典的宣传做出了突出贡献，被评为“2003 年度中国十大网络新闻”之一。

10 岁的小女生以她内心所固有的坚定与信心，用爱心和奉献播撒服务的火种，用行动和知识引导人们去战胜病魔，对当时人们战胜病魔起到了激励作用。

专家指引

在对待“非典”疫情时，不必过于惊慌，应在提高自身免疫力上下工夫，提高自身的抗病能力是对付非典的最好办法。

恩格斯说：“一个聪明的民族，从灾难和错误中学到的东西会比平时多得多”。“非典”的确给人类的生命健康和社会经济带来了重大损失，但人们从灾难中学到的东西和汲取的教训却久远深长。其中关于人的生命和健康的价值、关于人与自然环境和其他物种之间的关系以及人的行为和习惯等问题，随时警醒人们人的生命和健康是最可宝贵的，人的生命和生存状况更应该得到特别的关注。

**瘟疫**

瘟疫是由于一些强烈致病性微生物，如细菌、病毒引起的传染病。一般是在自然灾害爆发后，由于环境卫生恶化引起的。我们学生不仅自己要注意环境保护，还要引导家人及其他社会成员做好环保工作。

法国诺贝尔文学奖得主 Albert Camus 的名著《瘟疫》这样描写道：从几只老鼠突然暴尸街头开始，接着是少数人离奇病故，到后来集体死亡……民众开始恐慌，害怕失去生命，进而陷入集体的歇斯底里……瘟疫，就是死神的化身，它不长眼睛，不会分辨善恶，要人死，人就不得不死……瘟疫降临，只有活人与死人之分，与所爱的人分离的痛苦，成为一种永远的流放。

**想一想** 瘟疫还有可能危害现代人吗？我们怎么应对瘟疫？

1. 瘟疫的具体症状及传播途径

瘟疫的具体症状是发烧、咳血、脱水、昏迷、幻觉、腹泻、淋巴肿大、皮肤溃疡、皮下出血等。在抗生素发明出来之前，由于无特效药可治，一般在发病后，病人多则四五天，少则数小时，即将命归黄泉，死亡率基本上是百分之百。而且该病还有一种症状，就是患者的皮肤上会出现许多黑斑，所以被人们叫做“黑死病”。这种可怕的疾病长期以来，一直被迷信的人类认为是鬼神对自己的惩罚。

瘟疫是通过寄生在老鼠身上的跳蚤传播的，也可以通过人与人之间直接传染。

在抗生素发明之后，这种几百年来死亡率100%的恶性疾病，已经不再令人生畏、谈“瘟”色变了。

2. 预防措施

- 不要到人群拥挤的地方去，瘟疫疾病会通过空气传播，尽量减少传播的可能性；
- 尽量少在外面用餐，如在外面用餐，请勿食用生食品、半熟食品、凉拌食品等，不吃霉变食物；
- 要注意预防蚊虫叮咬、不喝生水；
- 请勿随地吐痰或口水，或是对着别人打喷嚏等；

● 服用增加免疫力、预防感冒等药物（遵医嘱），起到预防的作用。

## 霍乱

霍乱（cholera）是由霍乱弧菌所致的烈性肠道传染病，临床表现轻重不一，典型病例病情严重，有剧烈吐泻、脱水、微循环衰竭、代谢性酸中毒和急性肾功能衰竭等。

霍乱具有发病急、传播快、波及范围广、危害严重等特点。

1. 霍乱的临床表现及传播

霍乱潜伏期数小时至6天，少数在发病前1～2天有头昏、疲劳、腹胀、轻度腹泻等前驱症状。病人100%有腹泻、呕吐，每日数次，甚至难以计数。腹泻初为黄水样，不久转为米泔水水样便，少数患者有血性水样便。呕吐初为胃内容物，继而水样，米泔样。由于剧烈泻吐，体内大量液体及电解质丢失而出现脱水表现，轻者口渴，眼窝稍陷，唇舌干燥，重者烦躁不安，眼窝下陷，两颊深凹，精神呆滞，皮肤干而皱缩，失去弹性，嘶哑，四肢冰凉，体温下降，脉搏细弱，血压下降，如不及时抢救危及生命。

霍乱的传染源是：霍乱病人和带菌者。病人的粪便和呕吐物含有大量病菌，一旦污染水源、食物、餐具和手，就可造成本病的传播。苍蝇、蟑螂等也是传播本病的媒介。

2. 预防措施

● 管理传染源，及时发现隔离病人；

● 切断传播途径，加强卫生宣传，积极开展群众性的爱国卫生运动，管理好水源、饮食，处理好粪便，消灭苍蝇等害虫，养成良好的卫生习惯。如，不得就近取各种不卫生的水饮用，包括雨水、坑水、池塘水、河水等，从而隔绝肠道传染病的发生。

图 6.8　注意饮食卫生

● 保护易感人群，积极锻炼身体，提高抗病能力，用现今的流行语叫：管住你的嘴，放开你的腿。即不吃喝不卫生、生冷的食物饮料，多运动、多锻炼，疾病就不会轻易接近你了。

## 结核病

结核病是由结核杆菌引起的慢性传染病，可累及全身多个器官，但以肺结核最为常见。

结核病是人类历史上最古老的疾病之一，人类与结核的斗争史至少有两千多年。过去有一句俗话叫“十痨九死”，“痨”指的就是结核病，结核病的死亡率相当高。解放前，外国人讥笑中国人是“东亚病夫”，也主要是指结核病给我国带来的巨大灾难。

19世纪，不知有多少人曾被这种无情的烈性传染病夺去了亲人或朋友，虽然20世纪多种有效抗生素和预防药物的产生使肺结核病例在世界范围内迅速减少，但不能因此放松警惕。

1. 临床症状及传播途径

● 肺结核的临床症状可以分局部症状与全身症状：

（1）局部症状。

咳嗽、咳痰：随着病情进展，咳嗽加重，痰量也增多；

咯血：痰中带血、中量咯血、大量咯血；

胸痛：部位不定，往往为隐痛，若为针刺样疼痛并随呼吸运动而增剧时则表示肺部胸膜受累；

呼吸困难：轻度或中度病变不致引起呼吸困难，当病情严重时会引起呼吸困难。

（2）全身症状。

发热：见于病情进展期，表现午后低热，重症病人有不规则高热；

盗汗：入睡或醒时，全身出汗，内衣尽湿；

还有疲倦乏力、精神萎靡、体重减轻、食欲不振，心跳加快，月经失调等。

● 结核菌主要通过呼吸道传播

传统的观点偏重于尘埃带菌传染，现称菌尘气溶胶传染，传染源主要是排菌的肺结核病人的痰液。即指因肺结核排菌病人随地吐痰，干燥后细菌随尘土飞扬，被他人吸入而引起感染发病，可见肺结核主要是通过呼吸道传播与传染的。

传染的次要途径是经消化道进入体内，此外还可经皮肤传播。

专家指引

结核病是一个人畜共患的疾病，许多动物如猪、猫、狗、牛、羊、鹿、猴等均可患结核病。人类和这些动物经常接触，既可被患有结核病的动物所传染，也可将自身结核病传给所饲养的动物。要求人们要有卫生习惯，病患者对自身所患疾病要有正确的认识，懂得这种病害和传染方式，定时对自身进行体格检查，做到早发现、早隔离、早治疗，以免造成社会的危害。

警示录

2003 年某市一所中学一女生宿舍，8 人中发生肺结核病人 5 例，其中 4 例是在 1 个月内相继发病的；某市 2006 年高考后有 30 名学生因患肺结核病而失去了被录取的机会。

案例中的学生患病情况是因为接触了结核病患者被感染患病的。学校是人员集中的地方，对于结核病患者隔离更加重要。

肺结核病人说话、咳嗽、打喷嚏排至空气中的微滴核的传染性应该引起人们重视。尤其是人员集中的在校学生更应该注意防范感染，因为关于呼吸道传播的机理认为，排菌病人平时大声谈笑、唱歌、咳嗽、打喷嚏把带传染性的唾沫飞沫（微滴核）散播于空气中，它的颗粒在 4 微米以下可以直接通过呼吸道进入肺泡引起感染。

**想一想** 和结核病患者接触过是否就会患结核病？

在生活中，并不是每一个受到肺结核菌感染的人都会得肺结核病，只有在人的身体抵抗力较差的时候，才较容易发病。而且大部分肺结核病人开始正规治疗三个星期后就不会有传染性了。

2. 预防指南。

我们青年学生在结核病的预防方面应该注意做到：

• 饮食以高蛋白、糖类、维生素类为主，宜食新鲜蔬菜、水果及豆类，应戒烟禁酒；

1992 年世卫组织（WHO）发布“维多利亚”宣言，指出人类健康的四大基石：合理膳食，适量运动，戒烟戒酒，心理平衡。并将此作为人类健康文明的生活准则。青年学生更应该做好现代人类健康文明生活的表率。

• 同学之间要养成良好的卫生习惯，自己患病了要离开学校回家休养，外出应戴口罩，不要对着别人面部讲话，不可随地吐痰，以免感染他人；

• 同学间要互相关心，对肺结核这种疾病应有正确的认识，肺结核不再是不治之症了，结核病人应有乐观精神和积极态度；

• 尽可能避免接触结核病患者，以避免感染。

吸烟会增加支气管痰液的分泌，使咳嗽加剧，结核病灶扩散，加重潮热、咯血、盗汗等症状。饮酒能使机体血管扩张，容易产生咯血症状。对于结核病患者要戒烟戒酒，才能有利于治疗。

### 流感

流行性感冒（简称流感）是由流行性感冒病毒（简称流感病毒）引起的急性呼吸道传染病。

一年四季人们都可能受到流感病毒的攻击。特别是学校人员集中，更易相互传染，但只要进行适量运动，注意合理饮食，增强身体抵抗力，养成讲卫生的习惯，还是可以减少流感相互传播的。

1. 流感的临床症状及其传播

流感临床表现为发热、头痛、流涕、肌痛、乏力、鼻炎、咽痛和咳嗽，有肠胃不适等症状。典型流感起病急：潜伏期一般为 1～2 天；高热，体温可达 39℃～40℃，畏寒，乏力、头痛、头晕、全身酸痛；持续时间长，常有咽痛、鼻塞、流涕等；少数有恶心、呕吐、食欲不振、腹泻、腹痛等。还有患者可发展为肺炎。

流感病毒是近距离传染性极强的病原体。传染源主要是病人和隐性感染者通过飞沫传播，与普通感冒有着本质上的不同，对人的健康危害很大。学生最易患流感，因为同学们在一起学习、生活，流感病毒最易相互传播。

因此，流感也是在学生中广泛流传的一种传染病。特别是同学之间为了“友谊”，常常是两个人在一个饭盒里吃饭，两个人同啃一个苹果，甚至几个人同喝一杯水等，这样其实是很不卫生的。流感病毒还可以通过被病毒污染的手帕或衣物传播。

流感病毒由唾液飞沫来传播，感染者的唾液飞沫会进到人的眼睛、鼻子或附着在脸上，由于用手摸脸部再接触嘴巴，或揉眼睛、挖鼻孔而感染，因此洗手的习惯很重要。

警示录

小玲感觉发低热，还头痛、眼痛、肌肉酸痛和浑身无力，伴有流涕、喷嚏和干咳。去某诊所就诊，起初医生诊断为“感冒”，给予抗菌、抗病毒以及其他药物支持治疗，可是吃药 3 天了也未见好转。第 4 天，小玲出现高热、咳血性痰、呼吸困难和面色发绀等症状，急转其到大医院作进一步检查治疗。诊断为流行性感冒（肺炎型、重型）。但病情重、转诊迟，最终因呼吸循环衰竭死亡。

流感是青少年学生中常见的传染病之一，只有了解了传染病的症状、传染途径、预防措施等知识，才能及时预防和治疗，保证自己的生命健康。案例中的小玲因为没有重视流感也能成为杀手，所以成了流感的牺牲品。

2. 预防措施与救护

• 接种流感疫苗。

流感可导致一些严重的并发症，主要有两种：一种是继发细菌感染，如咽喉炎、中耳炎、鼻窦炎、支气管炎、尤其是肺炎。流感的另一并发症是加重原有的慢性病，包括心脏病、肺炎、肾脏疾病和糖尿病等，导致相应器官功能的衰竭。所以，接种流感疫苗

图 6.9　做好防护措施

是目前世界公认的预防流感最为有效的措施；

● 重视发热症状。

不论是风热还是风寒流感患者，都有畏冷表现，即使有高热在身也如是。同学们，当你高热发烧时应穿足够衣服保暖，不随便吃退烧药（尤其是自行服成药），应去医院在医生指导下服药，否则会延误治疗时间。高烧对大脑极为不利，甚至引发心肌炎等。

● 注意饮食及搭配。

(1) 多饮水，水可使口腔和鼻腔内粘膜保持湿润，能有效发挥清除细菌、病毒的功能；

(2) 患者要多食流质食物，补充营养性食物，如牛肉、去皮鸡胸肉、蛋清、牛奶、虾等富含蛋白质的食物；补充维生素，如含铁、锌的食物，维生素 A、C、E 也有助于病情的缓和；进食后以温开水或温盐水漱口，保持口鼻清洁。

● 卧床休息，保持体力。

感冒时，身体为能集中精力对付病魔，大脑便会发出不想进食的讯息，不吃一两餐并无大碍，但体力虚弱，对恢复健康不利，因此休息好特别重要。

得了流感可以采用物理手段辅助降温，如果烧得厉害，发现胸闷、胸痛、精神萎靡等现象，要立即到医院就诊。

得了流感，既要保护自己，也要保护他人。病人要做好自我隔离，不要去公共场所或人多拥挤的地方；没有患病要做好自我防范，房间里要经常通风，保持新鲜空气的流通。

**乙肝**

肝炎就是肝脏的炎症。医学上肝炎可分为甲、乙、丙、丁、戊、己、庚七种类型，其中乙肝是流行最广泛、危害最严重的一种传染肝炎，因此本部分重点介绍一下乙肝的有关问题。

1. 临床表现和传播途径

乙型病毒性肝炎（简称乙型肝炎）是由乙型肝炎病毒引起的肝脏炎性损害。临床表现为乏力、食欲减退、恶心、呕吐、厌油、腹泻及腹胀，部分病例有发热、黄疸，约有半数患者起病隐匿，在检查中才发现。乙肝病毒（HBV）感染人体后，广泛存在于血液、唾液、乳汁等处。乙肝难以根治，治疗上目前没有特效药。

**想一想** 如果班上有乙肝病毒携带者应注意什么？

乙肝传播的主要途径是：

• 母婴垂直传播：垂直传播是我国乙型肝炎蔓延和高发的主要原因。也有少数为父婴传播者；

• 血液或血制品传播：被乙肝病毒污染的血制品如白蛋白、血小板或血液输给受血者，多数会发生输血后肝炎，另外血液透析、肾透析时也许会感染乙肝病毒；

• 医源性传播：被病毒污染的医疗器械（如手术刀、牙钻、内窥镜、腹腔镜等）均可传播乙肝病毒；

• 家庭内密切接触：日常生活密切接触（如同用一个牙刷、毛巾、茶杯和碗筷），均有受病毒感染的可能。乙肝病毒可通过破损粘膜进入密切接触者的体内；

• 公共场所、理发店、美容院等容易被 HBV 污染，如浴池、剃刀等均可传染 HBV。

图 6.10　得了乙肝，我该怎么办？

**警示录**

某学校男生宿舍8位同学在一次常规体检中被查出都是乙肝患者。经分析，属于生活密切接触而导致患病。因为他们经常共用一个饭盒、一条毛巾、一个水杯等。

同学们，我们要在日常生活中要养成良好的卫生习惯，不让传染性疾病有可乘之机。

2. 预防措施

乙肝难治，但是不难防。如果我们大家把好预防这一关，乙肝就并不可怕。

**小卫士**

预防乙肝最积极主动的办法，也是最有效的预防办法是给尚未感染乙肝病毒者注射乙肝疫苗，使其产生对乙肝的抵抗力，这时即使接触到乙肝病毒患者也不会被传染了。

• 接种乙肝疫苗，这是预防乙型肝炎最有效的措施。凡是没有感染过乙肝病毒的人，尤其是家中或周围密切接触的人员中有乙肝病人或乙肝病毒携带者，均应接种乙肝疫苗。同学们，你及你身边的人做了乙肝预防吗？

• 了解和掌握乙肝病的一些防治知识，养成并坚持良好、科学的生活规律；最好在集体聚餐实行分餐制，不要与他人共用牙刷、剃须刀、水杯等；注意起居和个人卫生，根据气温增减衣服，积极预防各种感染；

• 合理调配营养与食疗，忌烟酒，少食油腻之物，以清淡为主，避免便秘；

• 防止血源传播，不输入未经严格检验的血液和血制品；因此，拔牙、耳垂穿孔、纹身等要去正规医院；

• 如果患上乙肝，应保持积极的心态与乐观的情绪，坚定战胜疾病的信心；乙肝用药如用兵，多则有害，少则无效，针对自己的病情，在专家指导下合理用药；同时积极配合医生治疗，定期复查肝功能。

由于乙肝病毒可以通过血液、尿液、汗液、唾液、乳汁等污染周围环境，传染健康人。因此在生活中应尽量避免并阻断与患者接触而感染的途径，注意对周围的环境及污染物进行适当消毒和隔离。

**我的感悟：**

______________________________

______________________________

______________________________

______________________________

# 主题2

## 谈“艾”莫色变

### 世纪杀手——艾滋病

1. 认识“艾滋”

艾滋病，1981年在美国首次发现和确认，其全名为“获得性免疫缺陷综合症”（英语缩写AIDS），是人体感染了“人类免疫缺陷病毒”所导致的传染病。

艾滋病被称为“20世纪的瘟疫”。国际医学界至今尚无防治艾滋病的有效药物和疗法，因此也被称为“超级癌症”和“世纪杀手”。艾滋病病毒会破坏人的免疫系统，使身体的抵抗力逐渐降低，直至丧失，从而发生多种感染和肿瘤，如果不及时治疗，最后会导致死亡。

感染艾滋病病毒后一般经过7—10年的潜伏期，可发展成为艾滋病人。艾滋病在世界范围内传播越来越迅猛。1985年，一位到中国旅游的外籍青年患病入住北京协和医院后很快死亡，后被证实死于艾滋病，这是我国第一次发现艾滋病。到2008年9月，我国累计报告艾滋病病例264302例。据估计，中国现有艾滋病病毒感染者和病人约70万人，这其中可能有44万人不知晓自己已经被感染。

想一想　AIDS，离我们青少年有多远？

警示录

提起“艾滋”，在很多青少年学生眼里，认为那是离自己很遥远的事情；家长们更觉得：自己的孩子还小，教给他们这些知识太早了！然而事实并非我们想的那样，不安全的输血、注射以及不洁性行为，都有可能感染艾滋病。在全世界，每天有1600余名15岁以下的少年儿童感染艾滋病。

2. 艾滋病的传播途径

艾滋病病毒存在于感染者的体液和器官组织内，感染者的血液、精液、阴道分泌液、乳汁、伤口渗出液中含有大量艾滋病病毒，具有很强的传染性。

尽管艾滋病病毒见缝就钻，但它们只能在血液和体液活的细胞中生存，不能在空气中、水中和食物中存活，离开了这些血液和体液，病毒会很快死亡。只有带病毒的血液或体液从一个人体内直接进入到另一个人体内时才能传播。

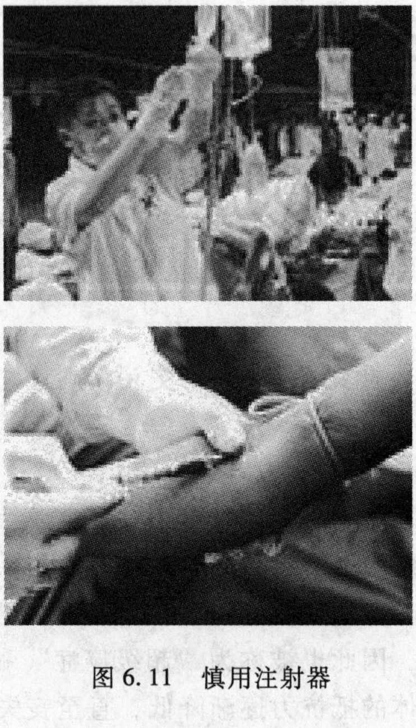

图6.11　慎用注射器

- 性接触传播。

艾滋病病毒可通过不加防护的异性或同性性行为传播。艾滋病病毒感染者的体液或分泌物中有大量的病毒。对青少年影响最大的是不严肃的性行为，我们应该警觉，不能因为好奇和贪图一时享乐而造成终生遗憾。

- 血液传播。

● 使用了被艾滋病病毒污染而又未经严格消毒的注射器、针头等而导致传播；

● 通过使用受污染而又未经严格消毒的针器纹身、穿耳、针灸，与患者和感染者共用剃须刀、牙刷等传播。这是青年学生容易导致受病毒感染的一种危险途径，因为青春期的学生正是追求“美”、“时尚”的时候，而经济上又没有独立，就会去寻找这些廉价的途径；

● 输入含有艾滋病病毒的血液或血液制品将会被感染。

不要使用被血液污染而又未经严格消毒的注射器、针灸针、拔牙工具。理发、美容、刮脸、穿耳、纹眉、剃须、刮脸不要互相借用工具。

警示录

2000年4月10日，中央电视台《今日说法》报道了一则消息，河南省一个9岁小男孩李宁，不慎从6楼摔下来，头颅骨破裂，面临死亡。经医院全力抢救，小李宁竟奇迹般地痊愈并回到了家中。可他在之后的一个月中，出现了发低烧、呕吐、流鼻涕、并伴随局部肌肤溃烂等症状，经新野县医院检查，他竟是艾滋病病人。其父母愕然，忙去检查，可父母是健康的。

案例中的医院因为没有了解血液来源是否安全，血液用品没有经过艾滋病病毒的检验，致使接受输入者感染了病毒，9岁的小男孩就这样成了艾滋病的牺牲品。

● 母婴传播。

对儿童影响最大的是母婴传播。如果母亲是艾滋病感染者，那么她很有可能会在怀孕、分娩过程或是通过母乳喂养使她的孩子受到感染。已感染艾滋病病毒的妇女生育的孩子有1/3可能会从母体感染艾滋病病毒。大部分带有艾滋病病毒的孩子会在3岁以前死亡。

所以，总的来说，每个人都应了解艾滋病的病理和防御知识，明白艾滋病就是一种疾病，能通过体液传播的疾病。当每个人认识它有怎样的传播途径，艾滋病患者就不会再受歧视。所谓“好人不得病，得了病的不是好人”的说法是不对的，因为艾滋病的传播途径是多方面的，有些患者是无辜的、是受害者，并非是因为自己的行为导致受到感染。

警示录

国家禁毒委员会办公室公布的最新数字显示，在我国吸毒人员中，青少年已占74%，其中16岁以下的超过1万人！在上海，已经发现个别感染艾滋病病毒的中学生。

吸毒很容易感染艾滋病病毒，因为吸毒过程中反复使用了未经消毒或消毒不彻底的注射器、针头，其中被艾滋病病毒污染的注射器具造成了艾滋病在吸毒者中的流行和传播。因此，学校安排有关预防艾滋病、禁毒的教育，对保护学生的身心健康是切实可行的。艾滋病是一个终生预防与人人参与的问题。需要全社会齐心协力，共同抗击艾滋病。

**专家指引**

身边的人感染了艾滋病病毒怎么办？首先，不能歧视他，应在精神上给予安慰，让他积极配合医生治疗，战胜病魔；同时让他注意自己的行为，避免将病毒传染给他人。其次，不必视病人为洪水猛兽而退避三舍，因为此病不能通过空气、一般的社交接触传播。

**想一想**　蚊虫叮咬会传播艾滋病病毒吗？

蚊虫叮咬一个人的时候，它们并不会将自己或者前面那个被吸过血的人的血液注入。蚊虫只会将自己的唾液注入，这样可以防止此人的血液发生自然凝固。他们的唾液中并没有艾滋病病毒。艾滋病病毒在昆虫体内只会生存很短的时间，不会在昆虫体内不断繁殖。昆虫本身也不会得艾滋病。

### 中职生怎样预防艾滋病

作为新时代的青少年，我们要积极参加各种预防艾滋病的宣传活动，了解艾滋病预防知识，让大家都知道艾滋病的病因及传播途径，知道其危害性，从而自觉地保护自己，形成全社会与艾滋病作斗争的态势，预防艾滋病我们责无旁贷。

艾滋病是完全可以预防的，而且大家都能做到。

**警示录**

早在1963年2月22日至3月8日卫生部召开全国医学科学工作会议期间，周总理特地召集部分医务人员明确提出：“医务工作者一定要把青春期的性卫生知识教给男女青少年，让他们能用科学的知识来保护自己的健康，促进正常发育……这是可以使他们终身获益不浅的事。”

2006年，教育部下发通知，规定在全国中小学开设预防艾滋病、毒品预防专题教育课。

1. 我们提倡义务献血，奉献爱心，但不到未经政府批准的采血点献血。在输血、验血时要特别注意安全和卫生，同时不轻易接受输血和血制品。需要输血时，要输用经过艾滋病检测的合格血液和血液制品；我们不能卖血，卖血严重危害自己的身心健康，而且接受卖血的都是一些不正规的血点，稍不留神可能就会染病。

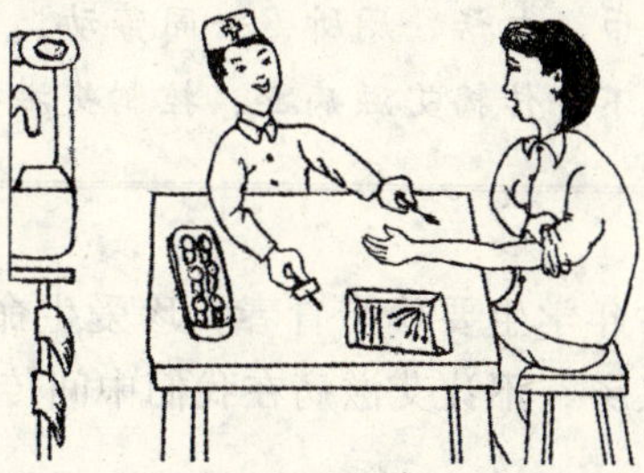

图 6.12 义务献血奉爱心

2. 不共用毛巾、牙刷、剃须刀；不去消毒不严的诊所、医院打针、拔牙、针灸或手术。不到消毒不严或不消毒的理发店去理发或美容。

3. 不以任何方式吸毒，杜绝静脉吸毒行为，特别是青少年，要克服对毒品的好奇心理，了解毒品的危害，提高对毒品的戒备思想，坚决拒绝毒品。

据统计，我国艾滋病病毒感染者中，约 72.1% 是因为静脉注射毒品而感染，因此，预防艾滋病，首先要控制静脉吸毒行为。

4. 发现艾滋病病人要及早报告，及早隔离，对病人的血液、分泌物、排泄物及生活用具进行严格消毒。

5. 我们青少年要坚决杜绝异性间的性行为，洁身自爱，遵守性道德是预防性接触感染艾滋病的根本措施。青少年应正确处理好男女之间的友情，选择健康的方式来释放和转移性冲动，约束个人行为，如：看书、听音乐、参加体育活动等；不嫖娼、不卖淫、不浏览黄色网站、不观看黄色书籍。

“性”在中国传统中属于禁忌话题，预防艾滋病教育进入课堂也曾引发争议。但是更深入的调查显示，目前中国青少年了解性知识的正规途径少，大量青少年经常浏览各大色情网站。在中国建立了第一个青少年生殖健康服务诊所的英国玛丽斯特普国际组织中国地区负责人徐进指出：“由于缺乏应有的性教育，处于青春期的少年儿童比成年人更易感染艾滋病。”

专家指引

艾滋病因防治尚无有效药物和疗法被称为“超级癌症”，但市民无需谈“艾”色变。握手、拥抱、咳嗽、打喷嚏，共用办公用具、劳动工具、被褥、钱币、电话、厕所，一同劳动、工作、用餐、游泳、洗浴和蚊虫叮咬等都不会传播艾滋病毒，控制艾滋病最有效的办法是预防。

青春是美好的，我们青少年学生要珍惜青春，珍爱生命，从我做起，预防艾滋病，庄严承诺我们自己应承担的义务，不让艾滋病在我们中间传播。

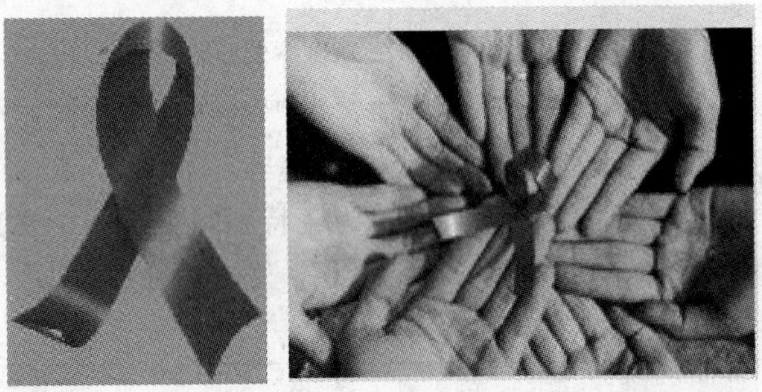

图 6.13　防“艾”标志——红丝带

## 世界艾滋病日及防“艾”标志

自 1981 年世界第一例艾滋病病毒感染者被发现至今，艾滋病在全球肆虐流行，已成为重大的公共卫生问题和社会问题，引起世界卫生组织及各国政府的高度重视。为号召全世界人民行动起来，团结一致共同对抗艾滋病，1988 年 1 月，世界卫生组织在伦敦召开了一个有 100 多个国家参加的“全球预防艾滋病”部长级高级会议，会上宣布每年的 12 月 1 日为“世界艾滋病日”（World Aids Day）；1997 年联合国艾滋病规划署将“世界艾滋病日”更名为“世界艾滋病防治宣传运动”，使艾滋病防治宣传贯穿全年，引起全社会的重视，并把红丝带标志作为防“艾”标志。

**我的感悟：**

学以致用

一、选择题

• 健康的生活方式应包括以下哪些？(　　)

A. 生活有规律、经常锻炼　　B. 戒烟限酒，心理平衡

C. 荤素搭配、食物多样化　　D. 以上都是

• 预防疾病应做到(　　)。

A. 调适心理平衡并积极治疗　　B. 适当的体育锻炼

C. 有规律地生活习惯　　D. 以上都是

• 不正确的洗手习惯应是(　　)。

A. 饭前洗手　　B. 便后洗手

C. 手脏了才洗手　　D. 外出回家时洗手

• 预防禽流感下列哪种行为是提倡的？(　　)

A. 触摸活禽　　B. 勤洗手

C. 鸡蛋不用完全煮熟就吃　　D. 室内空气密闭

• 以下哪几种做法有可能感染甲型 H1N1 流感？(　　)

A. 戴口罩手套穿着防护服护目镜或面罩鞋套等去看望 SARS 患者

B. 外出时戴口罩，回家取下后下次接着用

C. 高热、头痛时在药店买点感冒药

D. 常去露天广场玩儿，因为那里热闹

二、出外旅游时怎样避免感染禽流感？哪些人最易被传染禽流感？

三、面对非典型肺炎，10 岁的小朋友都能做宣传引导等工作，我们学生在面对传染病时该做些什么？

四、防止传染病应该怎样防治“病从口入”？

五、元旦前夕，同学们都在准备文艺节目，07 旅游班文艺委员因流感声音沙哑了，还在坚持组织排练，但同学们必须近距离听她指挥，两天下来，参加排练的同学大部分患了流感。同学们为什么会被感染？你将怎样预防流感？

六、登陆一个网站，了解自己能为那些艾滋病病毒感染者和受到艾滋病影响的人做些什么。

# 模块七

# 紧急救助篇

**指 南 针**

我们的身边每天都有许多紧急事件发生，在各种意外事件中，学生往往是容易受到伤害的群体之一。在人的生命健康受到威胁的情况下，如何进行自救、救助他人、并能引导群众开展自救和互救，以减少人员不必要的损伤，是我们学生应具备的素质和能力。可是中国每年因为现场救助不及时或救助方法不当，有近40%的人失去了最佳的治疗时间，有的甚至为此付出了生命的代价。

从当前我国的经济发展趋势和人们对生命安全观念的转变来看，迫切需要加强紧急救助知识和技能的学习，以保证紧急事件发生时，能够控制病情的进一步发展，同时指导和帮助周围人员实施现场救助。如果我们能够做到对紧急事件的预防、控制和干预，我们就能将损伤控制到最低。

如何对常见疾病进行救助？如何实施心肺复苏？如何对损伤实施止血、包扎，并对骨折实施固定和搬运？如何处理中暑？如何科学用药？面对这些问题，同学们往往不知所措，最有效最快的处理方法是怎样的？如何减少损伤、保护自己和他人呢？本模块的内容也许在关键时刻能帮你解决大问题呢！

周末了，小小、明明和往常一样放学后结伴回家。在过马路时，为了抄近路，她们没有走斑马线。可当她俩说笑着刚走上马路，一辆小汽车从左边以很快的速度开了过来，小小和明明躲闪不及，明明被撞出去很远，倒在血泊中，不省人事。小小也受了伤，左臂上鲜血直流，小小看见明明全身是血，害怕得哭了起来。一个路人忙打了报警和急救电话，在周围人的提醒下，小小拨打了自己父母的电话。

心 语

当遇到这种情况，千万不要紧张。首先应观察一下受害者倒地的现场是否安全，在安全的情况下，大声呼喊，如果没有应答，应迅速拨打急救电话，再判断伤者有无心跳和呼吸，如果没有应尽快实施心肺复苏。这里面涉及到创伤的多项处理方法，让我们一起来学一学吧！

# 主题1

## 受伤了，该咋办

创伤是青年人（小于44岁）中的第一位死亡原因。美国每年约有14.5万人死于创伤，3倍于此数的人因伤致残。在我国如2008年仅交通事故死亡人数就超过10万人，伤残24万人。面对严重创伤，我们该如何应对呢？

首先应把握严重创伤救治的原则，即先“救”后“查”，在现场对伤者进行心肺复苏、止血、包扎、固定、搬运等初步紧急处理，提高现场救护质量，保护伤者生命、预防并发症，提高救治成功率，降低伤残率。

### 心肺复苏

当创伤发生后，如果出现心跳、呼吸停止，我们首先要做的就是实施心肺复苏。

现场复苏包括3个步骤，常用A、B、C 3个英文字母表示：A（airway）是保持呼吸道通畅；B（breath）是人工呼吸；C（circulation）是人工循环。为了便于学习和掌握，将现场复苏的3个步骤按以下10个程序分述。

1. 判断有无反应

轻摇伤者肩膀及在耳边叫唤，并大声问：“你怎么啦？”测试伤者神志是否清楚。如有回应，则表示气道仍然畅通。如伤者人事不省，应立即请旁人协助。

判断有无反应，“轻拍重喊”是关键。

2. 呼救，打120

若呼唤无反应，则立即呼救，目的是叫人协助急救和通知医院和医疗急救部门，申请急救车服务。

“120”是我国统一实施的医疗急救电话号码。如果在场目击者只有一人，伤者呼吸、心跳停止，应先进行心肺复苏 1 ~ 2 分钟后再尽快打电话呼救；如果现场有多人，呼救与抢救可同时进行。如伤病者只有独自一人，在神志清醒时，应尽快拨通急救电话，把自己的伤情、地点详细告诉对方，请求速来急救或呼救邻居速来协助。

电话呼救时应清楚说明：呼救人电话号码与姓名，伤者所在的确切地点，尽可能指出周围明显标记和最佳路径等；伤者目前最危急的情况，如昏迷、大出血等；灾害事故、突发事件，要说明伤害性质、严重程度、发生的原因、受伤人数等，以及现场已采取的救护措施。

3. 摆好伤者身体

为使复苏有效，患者必须仰卧在坚实而无弹性的平面上，头部与躯干呈水平位，身体无扭曲，两臂放在身旁，解开衣领，松开裤带。

抢救者跪于患者的右侧，两腿自然分开，一只膝关节位于伤者肩部，另一只膝关节位于伤者腰部，抢救者双腿与肩同宽，并尽量贴近患者（图 7.1）。

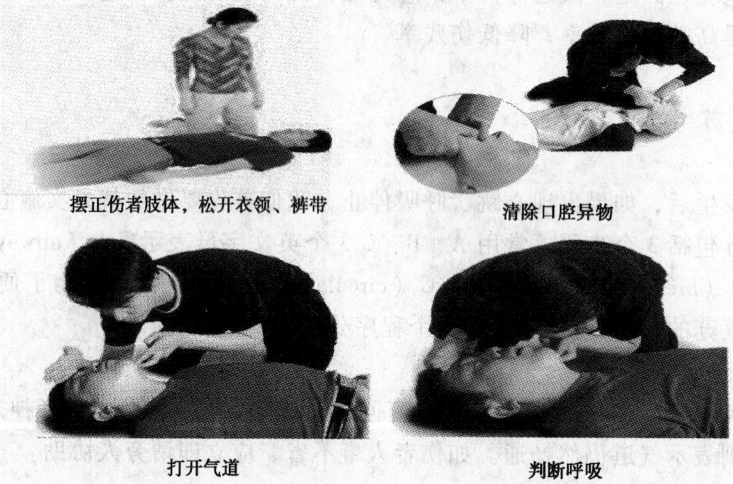


图 7.1　急救方法步骤

4. 清除口腔异物

迅速清除其口、鼻、咽喉的异物、凝血块、痰液、呕吐物等。一手用拇指、食指拉出舌头，另一手食指伸入口腔和咽部，迅速将血块、异物取出。（图 7.1）

5. 打开气道

清理干净气道异物后，需要继续保持气道通畅。一手放在患者前额上，手掌向后下方施力，使头向后仰；另一手的食指及中指将下颏托起（图 7.1）。此时，拉开颈部，尽量让头后倾。注意手指不要压向喉部，以免阻塞气道。

6. 判断呼吸

将面颊贴近伤者口鼻部，眼睛朝向伤者胸部，判断伤者呼吸是否存在。同时默数1001、1002、1003、1004、1005（即5秒钟），如已无呼吸，应立即进行人工呼吸。

> 小卫士
>
> 判断呼吸的要领：
>
> 一看（看胸廓有无起伏）、二听（有无呼吸的声音）、三感觉（有无气流进出的感觉）。

7. 人工呼吸

口对口法进行人工呼吸是为患者肺部供应氧的首选快速有效的方法（见模块三）。

8. 判断有无脉搏

心跳停止后脉搏亦随之消失。颈动脉有无搏动能较准确反映心跳的情况。

一手按住伤者前额，另一手的食指和中指找到气管的位置（男性可以先触及喉结），两指头向外侧顺着救助者自身方向下滑2～3cm至颈动脉处。触摸颈动脉，可默数1001、1002、1003、1004、1005（即5秒钟），时间不超过10秒。若无搏动，应迅速实施胸外按压。

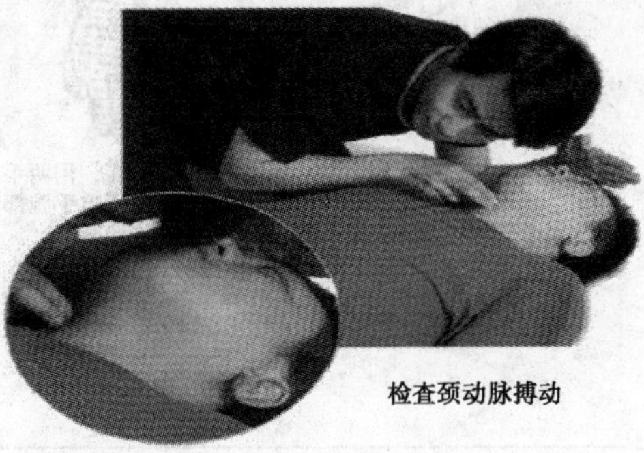


图7.2　判断颈动脉搏动

9. 胸外心脏按压

具体按压方法和注意事项见模块三。

## 简易止血、包扎

止血是创伤现场应急救护首先要掌握的一项基本技术，其主要目的是阻止伤口持续性出血，防止伤者出现因失血过多而导致死亡，为伤者赢得宝贵的抢救时间，从而挽救伤者的生命。

> 专家指引
>
> 止血使用的材料主要有绷带、三角巾、尼龙网套等。如果没有这些急救用品，可以使用清洁的毛巾、围巾、衣物等作为替代品。

1. “按、包、塞”三字止血

● 按：首先用干净的毛巾或厚的纸巾完全覆盖伤口，再用手紧紧压住止血。通常按压4～5分钟即可。

● 包：出血较多时可用清洁的毛巾、衣物、围巾等敷盖伤口，用力加压，做环形包扎。

● 塞：当伤口较深时就用干净布团塞紧伤口再包扎止血。

2. 手、脚趾止血法

这是学生最容易发生出血的地方。应先抬高出血的手指，再用另一只手的食指和拇指压住伤指根部约10分钟即可。脚趾出血应先抬高出血的患处至胸部以上，再用双手的拇指分别压住伤者的足背动脉和胫后动脉约10分钟即可。

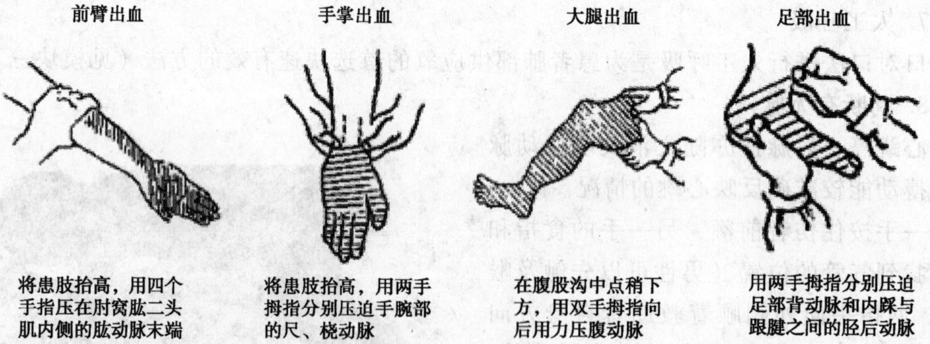


图7.3　手、脚趾止血法

想一想

在生活中，我们手脚受伤流血后，经常用面巾纸止血或用水冲洗流血处，这样行吗？

3. 毛巾包扎法

毛巾包扎的要领：

角要拉得紧，结要打得牢，包扎要贴实，松紧要适宜。

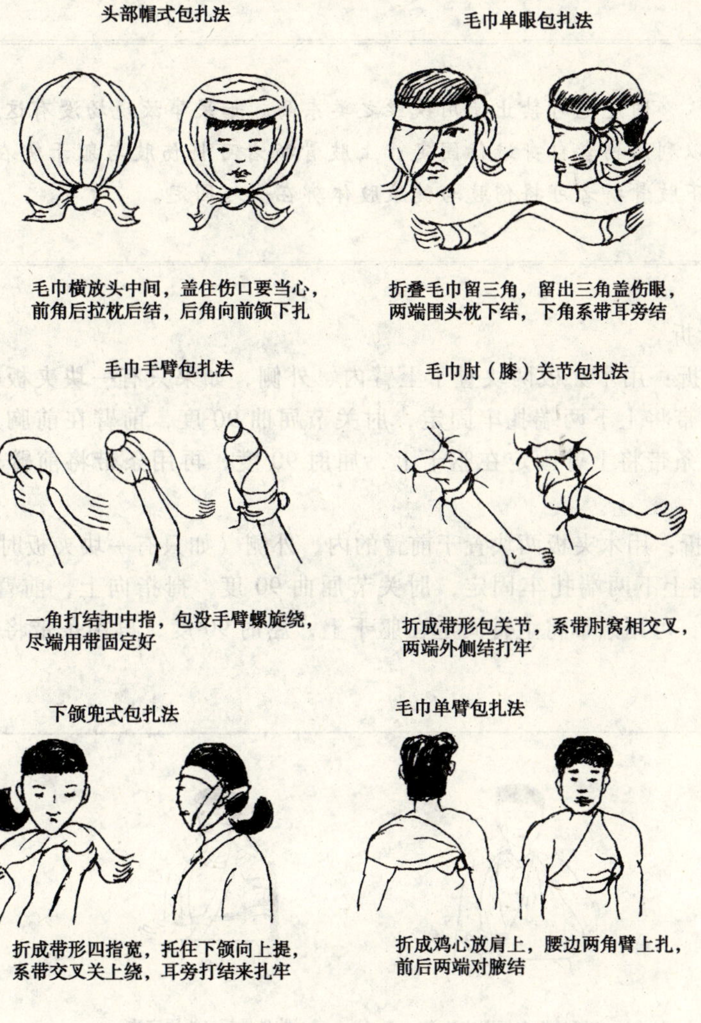


图 7.4 毛巾包扎法

## 简易固定

当出现外伤后，局部组织有“红、肿、热、痛和功能障碍”时应考虑有骨折的可能。如前臂骨折这是很多爱好体育的同学最容易出现的骨折类型。此时前臂出现皮肤发红、肿胀、发热和疼痛，前臂抬起不能功能障碍。

固定是针对骨折的伤者所采用的一项急救措施。其目的是固定伤处，限制骨折部位的移动，避免骨折断端刺伤皮肤、血管、神经及重要脏器，减轻疼痛，便于运送。

固定的材料有夹板、敷料（如棉花、衣服、布类）和条带（用来捆绑夹板的，如三角巾、绷带、腰带等）。

固定绝对禁止使用铁丝之类东西。如果事故现场没有这些材料，可以利用伤者自身进行固定：上肢骨折者可将伤肢与躯干绑在一起固定；下肢骨折者可将伤肢与健康肢体绑在一起固定。

1. 上肢骨折

• 肱骨骨折：用木夹板两块置于上臂内、外侧，如果只有一块夹板时，则放在上臂外侧，用条带将上下两端扎牢固定，肘关节屈曲 90 度，前臂在前胸吊起。现场无夹板时，可用条带将上臂固定在躯干上，屈肘 90 度，再用条带将前臂悬吊在胸前固定。

• 前臂骨折：用木夹板两块置于前臂的内、外侧（如只有一块夹板时则放在上臂外侧），用条带将上下两端扎牢固定，肘关节屈曲 90 度，拇指向上，前臂悬吊于前腔。现场无夹板时，可用条带将上臂固定在躯干上，屈肘 90 度，再用条带将前臂悬吊在胸前固定。

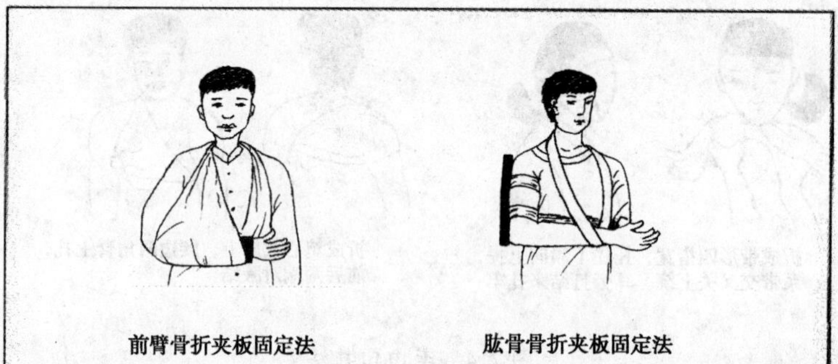
前臂骨折夹板固定法　　肱骨骨折夹板固定法

图 7.5　上肢骨折的固定

2. 下肢骨折

• 小腿骨折：用两块由大腿中段到脚跟长的木板加垫后，放在小腿的内侧和外侧，如果只有一块木板时，则放在外侧，关节处加垫软物后，用五根条带分段扎牢固定。先固定小腿骨折的上下两端，然后，依次固定大腿中部、膝关节、踝关节并使小腿与脚掌呈垂直。

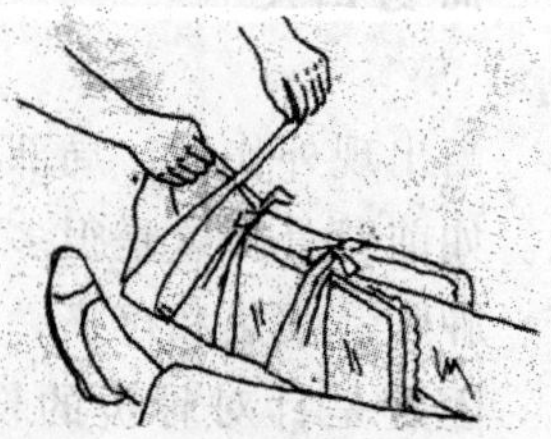
图 7.6　小腿骨折的固定

**小卫士**

遵循先救命后治伤的原则，对呼吸、心跳停止者立即进行心肺复苏；有大出血者，先止血后包扎，再固定骨折部位。对有大腿、小腿骨折的伤者，应就地固定，不要随便移动。

## 搬运

**专家指引**

搬运是现场急救的最后一个环节。目的是为了及时、迅速、安全地转运伤者至安全地区防止再次受伤。因此，使用正确的搬运方法是急救成功的重要环节，而错误的搬运方法可以造成附加损伤，甚至前功尽弃。

搬运方法。

- 单人搬运：救护人站于伤者的一侧，使其身体略靠着救护人，一起行走；或者一人直接将伤者抱起行走；或者将伤者背起。如伤者卧于地上，救护人可先躺其一侧，一手紧握伤者肩部，另一手抱其腿，用力翻身，使其伏于救护人背上，而后慢慢起来行走。

图 7.7　单人搬运法

- 双人搬运：一人站在伤者的头部，两手插入伤者腋下，抱入怀内；另一人站在伤者两腿中间，托起双腿，然后步调一致前行。

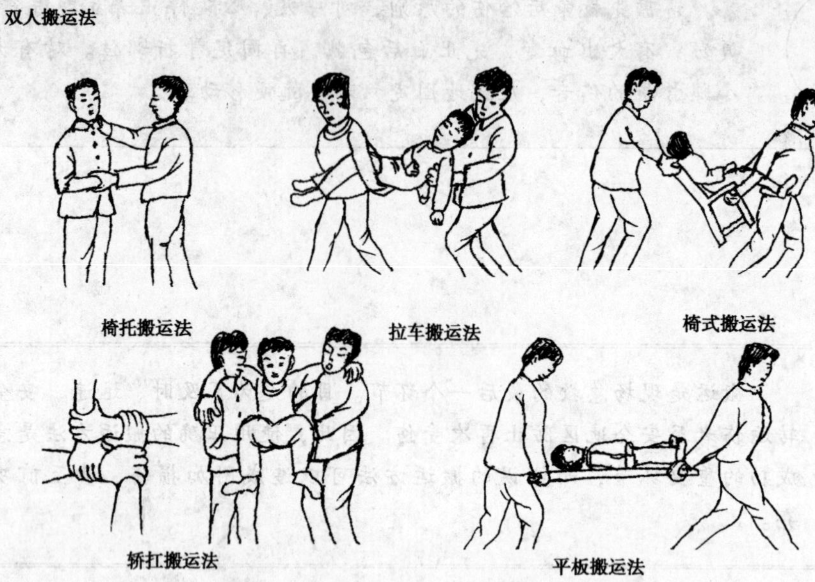


图 7.8　双人搬运法

**我的感悟：**

______________________________________________

______________________________________________

______________________________________________

______________________________________________

# 主题2

## 疾病出现了，你会现场救助吗

青少年学生健康活泼，意气风发，是最富有青春朝气的人生阶段。月有阴晴圆缺，人有旦夕祸福。有的学生可能平时看不出什么问题，但是在某个时候突然会出现一些急性病症，这时我们会处置吗？下面简介几种在我们学生中发病概率相对较高的急性病症。

## 急性脑血管病

警示录

> 小马是一名运动健将，在学校组织田径运动会上，小马报名参加了男子200米和800米的比赛，在800米的预赛中发挥不错，最终进了决赛。在决赛中，小马一路领先，快速奔跑在赛道上，眼看就要获得冠军，但在临近终点10米左右的位置，他突然倒地，众同学很快围了上来，由于天气炎热，同学们和老师想把小马移到阴凉的地方，于是两个同学七手八脚地把小马扶起放在一位老师的背上，把他背到了树荫下。有的同学拿来了水，有的同学递上了手帕，但是小马还是紧闭双眼，师生们束手无策。过了约15分钟，急救车赶来时，小马却永远离开了他喜爱的赛道……

小马的死因最终经法医鉴定为脑血管畸形破裂出血，即急性脑血管病。急性脑血管病是指一种起病急骤、伴有脑局部血液循环和功能发生障碍的疾病。在上例中，如果小马的同学和老师懂得一点这方面的知识，了解一些针对急性脑血管病的紧急处置方法的话，也许小马还有获救的机会。

1. 发病时的症状

急性脑血管病多见于有高血压或动脉粥样硬化性疾病的老年患者，但在青少年人群中也有发生。急性脑血管病又称为脑血管意外、中风、脑卒中。其发病率、死亡率、致残率较高，根据统计我国每年发生脑中风病人达200万人，发病率高达120/10万人，幸存下来的中风病人达700万人，其中450万病人不同程度丧失劳动力和生活不能自理，致残率高达75%，我国每年中风病人死亡120万人。随年龄增长，其发病率呈陡直上升，严重影响人们的生活质量。降低死亡率和残疾率与早期的及时识别和急救有着密切关系。

在我国青少年患者中，脑中风的危险因素以脑血管畸形最为常见。在疾病发生前往往会有头痛、头昏、耳鸣、半身麻木、恶心，甚至出现昏迷、呕吐、肢体运动障碍等。

2. 自救与救助他人

• 患者去枕平卧，头侧向一边，避免将呕吐物误吸入呼吸道，造成窒息。切忌用毛巾等物堵住口腔，妨碍呼吸；（图7.9）

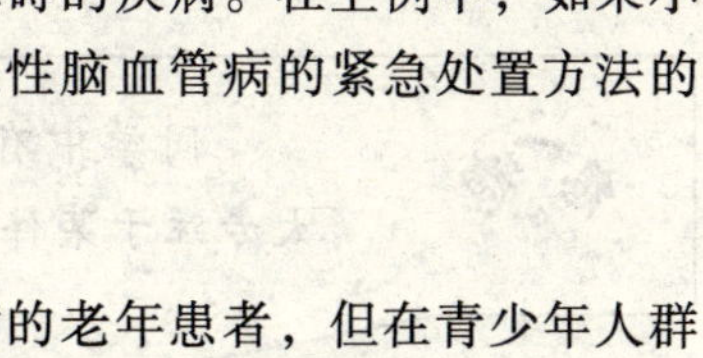
图7.9 去枕仰卧

• 摔倒在地的患者，可移至宽敞通风的地方，便于急救。上半身稍垫高一些，保持安静，检查有无外伤，出血可给予包扎；

• 尽量不要移动伤者的头部和上身；

• 守候在患者身旁，一旦发现呕吐物阻塞呼吸道，采取各种措施使呼吸道畅通，可用手掏取。呼吸停止时进行口对口人工呼吸。拨打“120”电话呼救。

移动伤者的要领：

• 尽量减少不必要的搬动；

• 随时对呕吐物及痰液进行清除，并将头偏向一侧防止误吸。

**晕厥**

晕厥亦称晕倒、昏倒，由于脑部一时性缺血、缺氧或脑血管痉挛而发生暂时性知觉丧失现象，常因大脑暂时缺血、缺氧而引起，有短暂性意识丧失。伤者晕厥时会因知觉丧失而突然昏倒。

想一想

同学中有没有因为一天三餐没保证而发生的晕厥呢？或因为太专注于某件事而废寝忘食发生的晕厥呢？你认为该怎么处理呢？

1. 发病时的症状

无论哪种晕厥，多突然开始，伤者在昏倒前常见心慌、头晕、眼黑目眩、恶心呕吐、面色苍白、全身无力。昏倒后，可见出冷汗、脉搏细弱、手足变凉等。

2. 自救与救助他人

• 使患者平卧，将腿部抬高 15 ~ 30 度，保障脑部供血；松解衣扣，打开室内门窗，便于空气流通；（图 7.10）

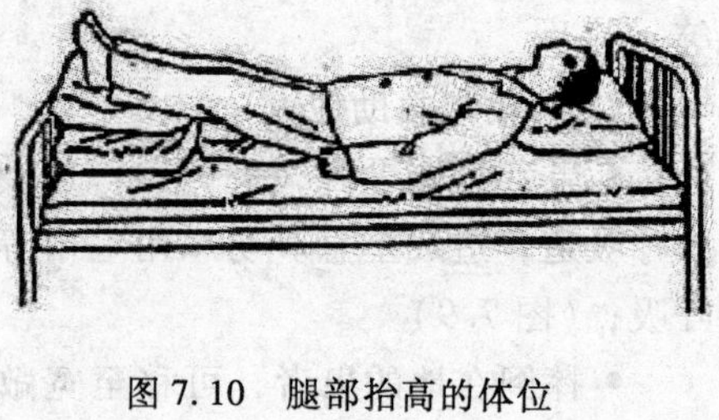

图 7.10　腿部抬高的体位

• 用手指掐伤者的人中穴，促其苏醒。患者醒后，可给少量温水或热饮料；

• 当患者脸色苍白、出冷汗、神志不清时，立即让患者蹲下，再使其躺倒，以防跌撞造成外伤。

移动伤者的要领：

- 保持呼吸道通畅；
- 转运中避免头部震荡。

## 抽搐

抽搐是指全身或局部骨骼肌非自主的抽动或强烈收缩。在我们同学们中常出现的抽搐是肌肉痉挛俗称“腿抽筋”，表现为肌肉出现阵发性不自主强烈收缩，而不能缓解放松的现象。

我们在足球场上踢球时或经常在足球赛事转播中看到，有的队员在无外力干扰的情况下倒地抱着腿，相当一部分情况是因为腿抽筋。跑步和游泳时发生抽筋的情况也不少，主要是发生在长时间大强度的运动后期，一般部位集中在腓肠肌、屈姆肌和屈趾肌。

1. 发病时的症状

抽搐发生时，严重的患者倒地后全身僵直，继而四肢细微抖动，呼吸困难，大小便失禁，发作持续 1 ~2 分钟，可反复发作。

当出现局部的抖动，多见于口角、眼睑、手足，或出现目光停滞，多提示疾病即将发生。

2. 自救与救助他人

为了避免这种现象的发生，运动前特别是游泳前应做好充分的准备活动，避免寒冷突然刺激，冬天要保暖，夏天防止出汗过多，并及时补充盐分，游泳前应用冷水先淋湿全身，水温过低时不宜在水中时间过长。

如果自己发现抽搐即将发生，应马上蹲下或躺下；最好家里备上牙套，放入口内，以防咬舌。

在抽搐发生后，应注意保暖，对患处用缓和的力量加以牵引，小腿抽筋自我恢复的一种常用方法就是坐在地上让腿部放松处于水平状态，一手轻握住受伤腿的膝盖，一手扶着小腿下部，用力向上抬，拉伸抽筋的肌肉；若有同伴的帮助，让对方扶住受伤腿的脚掌向腿部挤压，也是达到拉伸的效果。也可用按摩的方法，解除抽筋状态。

图 7.11　游泳抽搐时的自救

如果游泳时抽搐，要马上将腿屈起，用力将脚趾拉开、扳直；如果小腿抽筋，先吸足一口气，仰卧在水面，用手扳住脚趾，并使小腿用力向前伸蹬，让收缩的肌肉伸展和松弛。另外，注意游泳时间一次最好不要超过两个小时。

如果是他人发生抽搐，要做到：

- 立即将患者平卧，头偏向一侧，同时要松开伤者的皮带、领带、钮扣等；
- 用布或衣服包裹患者舌头，将其从口角侧面拉出，防止舌咬伤。

保护患者的注意点：

①抽搐发作时，不可强压肢体，以免造成外伤，甚至骨折；

②转运途中确保呼吸通畅，并防止舌咬伤及窒息。

**我的感悟：**

## 主题3

### 意外发生时，你做好准备了吗

意外的发生往往不“意外”。如果能做到早期防范和干预，伤害是可以降低到最低限度的。学生的活动量大，经常在上体育课、户外活动和家庭生活中受伤。比如摔伤、烫伤、气管异物，等等。面对这些问题，同学们往往不知所措，下面的一些方法和技巧会让同学们在关键时刻掌握自己的命运。

**气管异物**

警示录

某职校学生冰冰周末回家，她妈妈给她做了她最爱吃的糖醋鱼。冰冰高兴地狼吞虎咽起来，突然一根鱼刺卡住了喉管，她痛得“嗷、嗷”地叫起来。妈妈连忙对她说：“没事，赶紧吃一大口饭，别嚼直接吞下去就好了。”于是，冰冰照妈妈的意思吞了一大口饭。可是不一会儿，冰冰觉得越来越痛，晕倒在桌旁。原来，一根大鱼刺被强行吞了进去，刺破了大血管，造成大量内出血而休克。

当意外发生时，我们要按照科学的原理和方法来应对。对于鱼刺卡喉这样的意外，民间有很多的方法，如用手指抠鱼刺、大口吞咽饭团或菜、喝醋等。这些方法其实并不科学，有时甚至要付出生命的代价。我们求助医生才是最明智的选择。

任何物体突然进入气管内，产生一系列呼吸困难的症状和体征均称为气管异物。如气道堵塞超过 4 分钟就会危及生命，而且即使抢救成功，也常因脑部缺氧过久而致失语，智力障碍，瘫痪等后遗症。而超过 10 分钟，其损伤几乎不可恢复。因此气管异物是常见的凶险性意外事故，死亡率高，对此，必须紧急处理，尽快取出异物，否则可能产生危及生命的窒息或反复发作的感染及并发症。

1. 发病时的症状

各类异物意外进入气管往往与不良习惯有关。如同学们大多在进餐时，因进食急促、过快，尤其是在摄入大块、咀嚼不全的食物时，若大笑或说话，很易使一些食物滑入呼吸道而导致意外。

当意外发生时，患者会突然出现剧烈呛咳，甚至窒息。

倾压椅背驱出呼吸道异物

气管异物发生时的表现

腹部冲击法

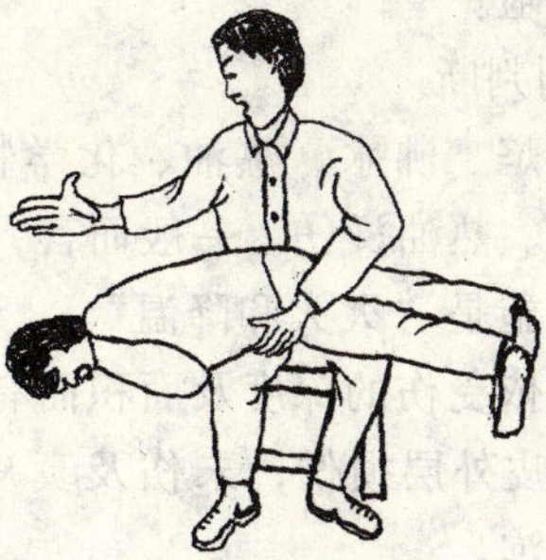

轻拍肩膀，鼓励咳嗽

图 7.12　发生气管异物时的急救

2. 自救与救助他人

• 如果现场没有任何人帮助时，首先不要慌乱，尽力咳嗽；如若不行，立即找一椅背，将自己的肚脐上部顶住椅背，用力冲击6～8次，然后背对墙面用力冲击6～8次，直至异物排除；

• 轻拍伤者肩膀，呼唤他并鼓励咳嗽。这是最好的排除呼吸道异物的方法。若咳不出，可将手指伸进口腔，刺激舌根催吐，这适用于较靠近喉部的气管异物；

• 站在患者背后，用双臂环绕其腰，一手握拳，使拇指倒顶住其腹部正中肚脐略向上方。另一手紧握此拳以快速向内向上冲击，将拳头压向患者腹部，连续6～10次，以造成人工咳嗽，驱出异物，每次冲击应是独立，有力的动作，注意施力方向，防止脏器损伤。以上方法无效时，立即送医院治疗。

### 烧烫伤

警示录

双休日，正逢电视上转播世界杯足球比赛，几个同学相约到小勇家看比赛。他们尖叫、欢呼，嗓子都喊干了。小勇去倒杯水，眼睛却不肯离开精彩绝伦的电视屏幕。忽然，小勇一声尖叫，只听见杯子“啪”地一声掉在地上摔得粉碎。原来他只顾看电视，开水根本没倒进杯子，正好倒在他自己手上了！他举着左手喊痛，手上的皮肤红通通的一大片，看上去可怕极了！同学们一时乱了手脚，有的去拿酱油、有的去找牙膏……

烧烫伤在日常生活中非常常见，几乎每人都会遇到。最重要的是，在发生烧烫伤的那一刻，做好现场急救和早期适当处理至关重要，可使伤势不再继续加重。上面的事件中，同学们的处理都有不妥之处。了解一些相应的科学知识后，如果再遇到烧烫伤，就一定能够处理得当啦！

1. 伤势的识别判断

烧烫伤常由火焰、沸水、热油、化学物质（强酸、强碱）等物质引起。最常见的是火焰烧伤、热水、热油烫伤。一般而言，烧伤面积越大，深度越深，则愈合越差。因此，急救的首要措施是“灭火和降温”。

烧烫伤的程度依受伤的深度及面积而有所不同，烧伤的常用分度如下：

• Ⅰ度，仅表皮外层损伤，未伤及真皮层，引起肿胀及相当程度的疼痛。表皮干燥、有红斑、无水泡。

• Ⅱ度，表皮和部分真皮损伤，皮肤发红、表面潮湿、起水泡、肿胀厉害、剧痛、泡皮薄、基底潮红。

• Ⅲ度，整层皮肤及皮下组织受到破坏，皮肤呈白色皮革样改变或焦黑，由于神经末梢被破坏了，一般反而不会有剧痛。

想一想

烧烫伤的识别判断要诀：

Ⅰ度：红斑；Ⅱ度：水泡；Ⅲ度：焦痂发黑。

2. 自救与救助他人

在各类烧、烫伤中，以热液烫伤最为常见。发生热液烫伤后，一般采取“冲、脱、泡、盖、送”的处理方式。具体方法为：

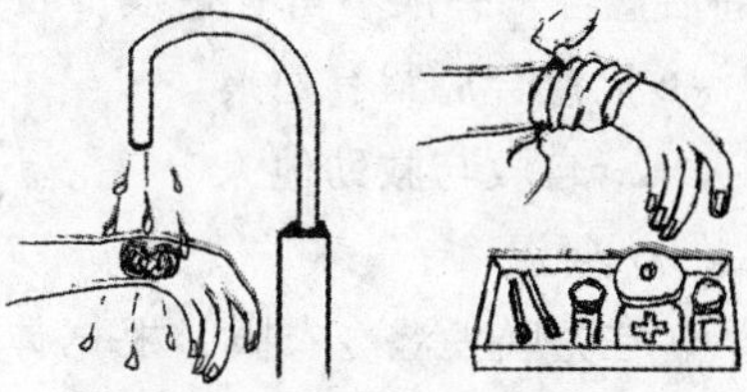

图 7.13　用冷水将伤口冲洗，然后进行消毒包扎

● 冲

以流动的自来水冲洗或浸泡在冷水中，以达到皮肤快速降温的目的，不可将冰块直接放在伤口上，以避免使皮肤组织受伤。

● 脱

如果穿有衣服或鞋袜部位被烫伤，千万不要急忙脱去被烫部位的鞋袜或衣服，否则会使皮肤表皮脱落，容易感染，延误病情。应在充分湿润伤口后，小心除去衣物，可以用剪刀剪去衣物，有水疱时注意不要弄破，水疱对创面有保护作用。

● 泡

继续浸泡于冷水中至少 30 分钟，这样可以减轻疼痛。但如果伤口面积大或患者年龄较小，就不要浸泡太久。

● 盖

用干净的布覆盖。盖前可在创面上涂抹湿润烧伤膏，没有药膏时可涂抹食用油，以避免创面干燥。

专家指引

不要在伤部涂抹醋、酱油、牙膏、肥皂、草灰等，以避免刺激创面，为以后的治疗带来困难。除面积较小的烧伤可以自行处理外，其他情况最好尽快送往附近医院做进一步处理。发生火焰烧伤时，应首先灭火，待火熄灭后，再依照热液烫伤处理方法进行处理。如果是电灼伤，要先切断电源或用绝缘体将电线移开。若患者失去知觉，应直接送医院治疗。

## 冻伤

冻伤是机体受到低温、寒冷侵袭所引起的损伤，寒冷是导致冻伤的主要因素。常发生在手、足、耳、鼻、面颊等四肢末端和外露部位。

1. 伤势的识别判断

生活中的冻伤分为 3 度：Ⅰ°冻伤：局部皮肤出现红斑，常伴有剧烈痒感，约 1 周后脱屑愈合，不留疤痕；Ⅱ°冻伤：局部红肿较明显，有水疱形成。若无感染，约 2 ~ 3 周后愈合，一般不留有疤痕；Ⅲ°冻伤：伤处发硬，皮肤由苍白转为褐色，再变为黑色。4 ~ 6 周愈合后留有疤痕。

2. 自救与救助他人

• 复温

首先脱去湿冷衣服，根据体温选择不同的复温措施。如：可用毛毯或被褥裹好身体、热水袋温暖全身、温水浸泡等，使患者在温暖的环境中自行复温。对于Ⅰ°冻伤首选温水快速复温。将冻伤部位浸泡于 38℃ ~ 42℃的温水中，并保持其水温。

• 保暖

迅速脱离低温环境和冰冻物体，用毛毯等保暖材料加以包裹，搬运到温暖室内。给予高热量的热饮料。

• 上药

Ⅰ°、Ⅱ°冻伤：局部涂搽冻伤膏每日 1 ~ 2 次，用干而软的吸水性敷料包扎；Ⅲ°冻伤：尽快去医院处理。

• 若需搬运伤者时动作一定要轻缓，防止发生骨折；

• 忌用火烤、拍打、冷水浸泡、雪搓等方法或直接放在发动机废气管或散热片上局部复温，以防加重损伤；

• 在转送过程中，保持伤者平躺，冻伤部位略抬高，继续予以保暖和复温措施，继续给予热饮。

## 动物咬伤

1. 毒蛇咬伤

我国有近 50 种毒蛇，主要分布在南方。近几年，由于生态环境的好转，城市危旧房的改造以及贩蛇增多等原因，毒蛇咬伤的病例开始增多。毒蛇咬伤致死率高，有的伤后 3 个小时就会危及生命。

想一想 当被蛇咬伤后，怎样确定是否为毒蛇咬伤呢？

• 毒蛇咬伤的识别。

蛇咬后局部留有牙痕，无毒蛇牙痕多成排，且齿痕较浅。毒蛇牙痕呈两点或数点，且齿痕较深。（图 7.14）一旦确定是毒蛇咬伤，要采取紧急自救措施。

• 自救与救助他人。

（1）制动。减少活动，不要惊慌乱跑，伤肢应下垂并停止活动；

（2）结扎。迅速用止血带或细绳在距伤口 5 ~ 10 厘米的肢体近端捆扎，每隔半小时放松 3 ~ 5 分钟，以减缓毒素吸收入血。

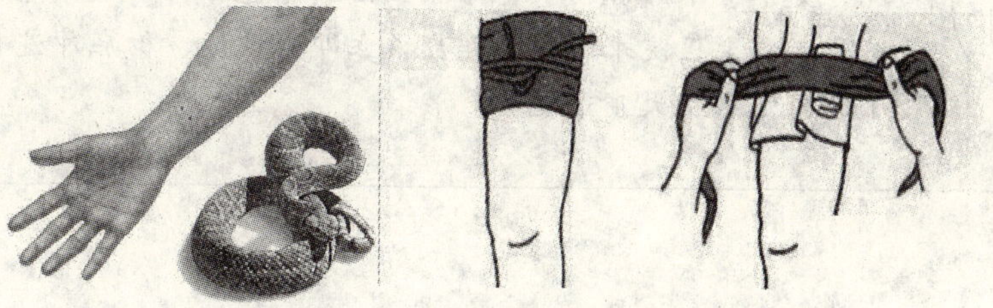

图 7.14　毒蛇咬伤及急救

（3）排毒。用利器把伤口切开，用清水、茶水冲洗伤口。也可以用火柴、烟头烧灼伤口，破坏蛇毒；如有条件可用拔火罐吸除毒液，也可用口吮吸，但要注意口腔内不能有伤口和溃疡，并要及时漱口。

经上述紧急处理后，迅速送医院进行进一步抢救。

• 如果一时识别不出是否为毒蛇咬伤，先按毒蛇咬伤急救；就地急救处理，切忌跑动。

2. 猫、狗咬伤

凡是猫、狗咬伤、抓伤，不管是疯狗、病猫还是正常的狗、猫（据文献报告，有相当多正常的狗、猫的唾液中带有狂犬病毒），均应积极采取措施预防狂犬病的发生。因为人体一旦感染发病将很难治愈，但采取积极预防措施是可以有效预防的。

● 一旦被猫、狗咬伤、抓伤，应立即、就地、彻底冲洗伤口。万一找不到水源，甚至可以用人尿代替清水冲洗，随后再设法找水源。冲洗伤口一定要快，分秒必争，以最快速度把沾染在伤口上的狂犬病毒冲洗掉。

● 冲洗务必要彻底。由于狗、猫咬的伤口往往外口小，里面深，这就要求冲洗时，尽量把伤口扩大，让其充分暴露，并用力挤压伤口周围软组织，而且冲洗的水量要大，水流要急，最好是对着自来水龙头急水冲洗。

● 冲洗后伤口不要包扎。伤口反复冲洗后，再送医院作进一步伤口冲洗处理，接着应接种狂犬疫苗。接种狂犬疫苗一定要在正规医院及卫生防疫机构进行，切不可在个体诊所随意进行。

千万不可被狗、猫咬伤后，伤口不作任何处理，就急于赶往医院；更不可不冲洗伤口，而涂上红药水包上纱布更有害，切忌长途跋涉赶到大医院求治，而是应该立即、就地、彻底冲洗伤口，在24小时内注射狂犬疫苗。

## 中暑

警示录

某学校组织新生军训,以培养他们吃苦耐劳的精神，提高生存能力。在一个夏日的下午，同学们在炎炎烈日下集合，开始严格又紧张的队列训练。据估计，当日气温达到37℃以上。在训练中，一名女生突然昏倒在地，同学和教官赶紧将她抬到阴凉的地方，给她喂水，并通知校医来治疗。在接下来的1个多小时里，又有2个同学昏倒，其中有一名同学高烧不退，并头痛、呕吐，被送往医院救助。

中暑是夏天的常见病。但重要的是，如何避免中暑的发生，了解中暑发生前的表现，以及中暑的那一刻，做好现场急救和早期适当处理的相关问题，可使病情不再加重。上面的事例中，当气温达到37℃以上时就应该终止军训，或选择有空调或阴凉的地方进行。

中暑是指在高温环境下人体体温调节功能紊乱而引起的中枢神经系统和循环系统障碍为主要表现的急性疾病。除了高温、烈日曝晒外，工作强度过大、时间过长、睡眠不足、过度疲劳等均为常见的诱因。

1. 中暑的识别

在高温（室温 >35℃）或在强烈阳光照射下从事长时间劳动，如无足够防暑降温措施，可发生中暑；在气温不太高而湿度较高和通风不良的环境下从事重体力劳动也可中暑。中暑分为以下 3 级：

● 先兆中暑。

患者在高温环境中劳动一定时间后，出现头昏、头痛、口渴、多汗、全身疲乏、心悸、注意力不集中、动作不协调等；

（1）轻症中暑。除有先兆中暑表现外，出现面色潮红、大量出汗、脉搏快速等表现，体温升高至 38.5℃以上；

（2）重症中暑。患者可表现为高热、无汗、昏迷；也可表现为大汗后突然出现肌肉痉挛和疼痛。

2. 自救与救助他人

不同的中暑应采用不同的救助方法。

● 先兆与轻症中暑。

立即将伤者移至阴凉通风处或电扇下，最好移至空调室，给予清凉含盐饮料；可用风油精涂擦太阳穴；体温高者给予冷敷或酒精擦浴。经上述处理后 30 分钟到数小时内即可恢复。

● 重症中暑。

应立即平卧，给予清凉含盐饮料；高热者（体温升高至 38.5℃以上）应将患者浸浴在水中，并按摩四肢皮肤，促进散热。之后应该迅速将其送至医院，同时采取综合措施进行救治。

图 7.15　将伤者移至通风、阴凉的地方

**我的感悟：**

# 主题 4

## 运动伤的预防与处理

体育运动可以增强我们的身体健康和提高我们的身体素质。可是参加体育运动一定要讲究体育运动的合理性和科学性，严格遵循体育运动的规律，否则伴随而来的就是各种运动性的损伤，给我们个人带来痛苦，影响了学习和生活。在此我们提醒各位同学在体育运动的过程中一定要注意学会自我保护，对运动损伤有高度的认识和了解。

运动伤的产生离不开以下几个原因：（1）准备运动不充分：不做准备活动就进行激烈的体育活动，易造成肌肉损伤、扭伤；（2）心理状态不佳：如情绪急躁、思想麻痹、缺乏经验；或在练习中因恐惧、害羞而产生犹豫不决和过分紧张等；（3）个人状况不佳：身体素质弱、体育基础差，或动作要领掌握不正确，一时不能适应体育活动的需要，或不自量力，容易发生损伤事故。

**想一想** 同学们平时会因为什么原因发生运动伤呢？你是怎么处理的？

**如何防止运动伤的产生**

首先要在运动前做好热身运动，并配备好舒适的运动鞋、扶腕、护膝等；其次要逐渐增加运动量，即10%增加的原则，循序渐进；保持有氧运动和无有氧运动的锻炼均衡，同时参加一些力量和柔韧练习防止受伤；运动前不要空腹、运动的前、中、后要饮足够的水；根据自己的身体及时调整运动，如果在某部位运动产生酸痛，可以考虑是减轻运动或停止。

图 7.16　做好运动前的充分准备

### 运动伤常规处理

1. 所有运动伤害急救的通则

在运动伤发生的 24 ~ 48 小时内均应该实施急救的通则，每个通则的时间长短需视伤情而定。

• 休息

在受伤时即刻停止患部动作，切勿揉搓，以防加重伤情；

• 冰敷

冰敷促使局部血管收缩，以抑制皮下出血和减少发炎肿胀。但此方法最好在受伤后 2 小时内完成，每次冰敷 10 ~ 15 分钟，间隔 15 分钟后再次冰敷，总共 3 ~ 5 次为宜；

• 压迫

以弹性绷带包扎患部亦有消肿之功效，但切记勿捆绑过紧，以免阻绝血液循环；

• 抬高

将患部抬高则可促进血液及淋巴循环，防止充血及消肿。

在日常生活中，我们有的同学在完成急救和消肿手续后，可能就不再在意了，或者放任了。其实，这是很不恰当的。我们接下来要做的还有很多，要把焦点转向患部的治愈上。在复原初期，患部尚无法承受剧烈运动，故宜采热敷或按摩方式促使血液流通。当受创组织不再感到刺痛时，便可通过适度的运动促进血液循环。当患部在自主范围内进行活动而不致感到疼痛时，便可对受创组织施压，使其强化。但施压强度须适中，一旦感到疼痛便须停止，否则将引起二度伤害。其次，应注意在对患部施以抗压训练时，须避免于训练后 12 小时内热敷。

2. 常见的运动损伤及处理

• 擦伤

皮肤表面受到磨擦后的损伤。伤口干净者一般只要涂上红药水或紫药水即可自愈；重度擦伤：首先需要止血，同时尽快冷敷，要求连续冷敷时间在 10 分钟以上，最后用碘酒消毒即可。若伤口不干净，要及时清洗，但不能用自来水冲洗，因为水里面有很多细菌，容易感染。可以用双氧水、蒸馏水、灭菌盐水，没有条件时可用凉开水清洗。

• 扭伤

日常生活中，人们在运动、劳动时经常发生一些小关节扭伤，如“崴脚”、“戳手”就是踝关节、腕关节的扭伤。由于小关节扭伤比较常见，所以多是自己进行处理，觉得不是什么大病，不必去医院。由于自己对处理原则掌握不准，所以往往采取错误的做法。

警示录

正在上中专的女生贝贝听到上课铃声，她立即收拾好课桌，急急忙忙下楼去上体育课，一不小心把脚脖子扭了，当时痛得她“哎呦、哎呦”直叫。到操场集合时贝贝向老师作了说明，经老师同意在旁边休息，因为疼痛她不停地用手揉着，过了一会，感觉好多了，便要求继续上课。没过多久，她感觉还是不行，但是不好意思再向老师请假，便强忍着疼痛，继续参加体育活动，一直到下课。第二天，贝贝的脚脖子肿得越来越大，连鞋子也穿不进去啦！

贝贝的经历是很多同学有过的，它是运动伤的一种，即扭伤。如果她能在扭伤一开始就进行正确的处理，并不再坚持上课，同时避免搓揉，可能她的损伤就不会这么严重啦！

有人在关节扭伤后，马上用很烫的热水浸泡或用烧热的白酒揉搓扭伤处。殊不知，刚刚扭伤的关节内的许多毛细血管正在出血，此刻用热水浸泡、白酒揉搓扭伤处，不但不能止血，反而会使血液循环加快，结果是毛细血管出血越多，扭伤处关节内淤血越多，肿胀越甚，对扭伤关节的恢复越不利。

正确的做法是积极采取冷却止血的措施，用冰袋或冷水敷在患处约 10 分钟，24 小时内还要冷敷 2～3 次，同时注意休息，不可乱揉、乱动，防止增加出血。受伤 24 小时以后改用热敷，促进淤血的吸收。同时，可抬至高处，以加快血液的回流，不致于使血流到血管破裂处而大量渗出，促使血肿消散。

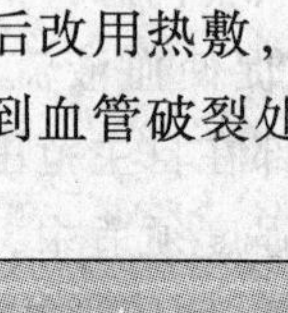


发生扭伤后，一是不要用热敷，二是不要揉搓患处。

• 脱臼。

由于直接或间接的暴力作用，使关节面脱离了正常的解剖位置。处理时动作要轻巧，不可乱伸乱扭。可以先冷敷，保持关节固定不动，立即到就近的医院，请专业医生矫治。

**我的感悟：**

# 主题 5

## 科学用药

几乎每个人一生中都会有很多次因身体不适而服药的经历，错误的给药方式不能起到治疗疾病的作用，而服药方法不正确会直接影响药效的发挥，甚至会对身体造成伤害。

### 服药的科学性

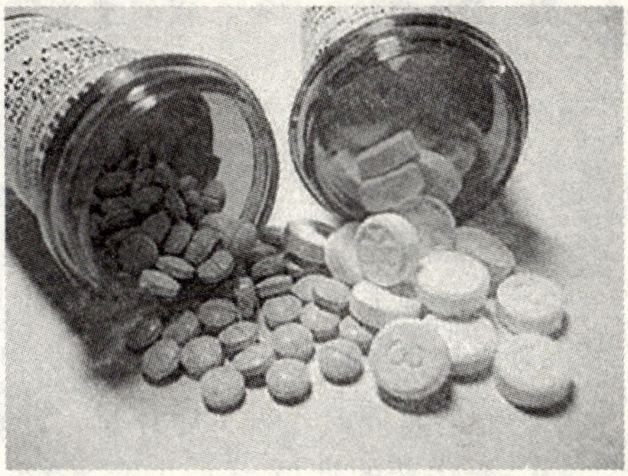

图 7.17　药品既能治病也会害人

1. 服药姿势

我们有时候会躺着服药，这是很不好的做法。如果送服的水少，药物只有一半到达胃里，另一半会在食管中溶化或黏附在食管壁上。由于有的药物是碱性的，有的是酸性的，有的具有很强的刺激性，如果在食管壁上溶化或停留时间过长，就可引起食管发炎，严重的甚至引发溃疡或穿孔。

正确的服药方法是：站着服药，多喝几口水，服药后不要马上躺下，最好站立或走动一分钟，以便药物完全进入胃里。千万注意，不可干吞药品，干吞药品最容易使药片黏附在食管壁上，导致食管黏膜损伤。

2. 服药时间

服用一种药物之前，应当认真阅读说明书，按要求服药。每日一次是指给药的固定时间，每天都在同一时间服用。每日服用 2 次是指早晚各一次，一般指早 8 时、晚 8

时。每日服用3次是指早、中、晚各1次，通常每8小时1次。饭前服用一般是指饭前半小时服用，健胃药、助消化药大都在饭前服用。不注明饭前的药品皆在饭后服用。睡前服用是指睡前半小时服用。空腹服用是指清晨空腹或餐后2小时。

3. 有些药片不能掰开吃

在常用的药品当中，有些是肠溶片，不可将药片掰开、嚼碎或研成粉末服用，应整片吞服。

有些人感觉吞咽一粒胶囊或一片药很困难。因此，在服药前可先漱漱口，或先喝些温水以湿润咽喉，然后将药片或胶囊放在舌的后部，喝一口水咽下。如果担心药片或胶囊过大，可能卡在嗓子里，可将药片研碎或将胶囊内药物倒出，置汤匙内，以温水混匀，再服用。需要注意的是，在这样做之前一定要详细阅读药片说明书或者向药师咨询，因为有些片剂和胶囊不能掰开或研碎服用，必须整颗咽下。

4. 白开水送服

口服给药是一种最常见的给药途径。口服药的理想用水是白开水，温开水或冷开水均可。一般成人一次量的药物用100毫升水送服。

**想一想** 茶、碳酸型饮料、咖啡、牛奶、豆浆等能用来送服药物吗?

一般情况下，服药后立即卧床休息，可能引发食道溃疡等伤害。

为预防食道溃疡，服药前先喝一口水，服药后再喝至少100毫升的水，服药后站或坐着5～10分钟，才可上床休息，并避免同时喝酒。

5. 服中药的禁忌

服用中药期间，为保证药效，不要吃那些可能会与药物发生反应的食物，以免降低药效，或产生毒副作用，加重病情。以下是一些与服用中药有关的禁忌。

● 忌茶水

无论中药、西药一般都不能用茶水送服，因为茶叶内含有一种物质，叫做鞣酸，它会和药物中的蛋白质、生物碱或重金属盐等起化学反应，生成不溶性的沉淀物，影响药物有效成分的吸收，降低疗效。

● 忌生冷、油腻、辛辣的食物

服药时应少吃生冷、油腻、不易消化的食物，以免增加病人的肠胃负担，影响对药物的吸收。

● 合理加糖

一般来说，中药，特别是汤药都比较苦，服用时患者往往要加点糖，其实一些中药是不适宜加糖后再服用的。我们常吃的糖分为白糖和红糖。红糖为温性；白糖为凉性。所以，加糖服药应首先了解药物的性状，凉性的药物可适当加一些白糖，热性的药物可加适量的红糖，这样才不会影响药效。

有些中药恰恰是利用苦味达到药效的，因此就不能加糖。中药的成分比较复杂，可能会与红糖中的铁、钙等起作用而影响疗效。所以，服用中药时可否加糖，最好询问医生，不要擅自做主。

## 正确使用抗生素

你是否经常服用抗生素呢？抗生素是由微生物产生的在低浓度下具有抑制或杀死其他微生物作用的化学物质。让我们借助“专家指引”开始下面的“有问必答”吧！

1. 感冒了，吃什么药好呢

病毒或者细菌都可以引起感冒。病毒引起的感冒属于病毒性感冒，细菌引起的感冒属于细菌性感冒。抗生素只对细菌性感冒有用。抗生素不直接针对炎症发挥作用，而是针对引起炎症的微生物起到杀灭的作用。消炎药是针对炎症的，比如常用的阿司匹林等消炎镇痛药。

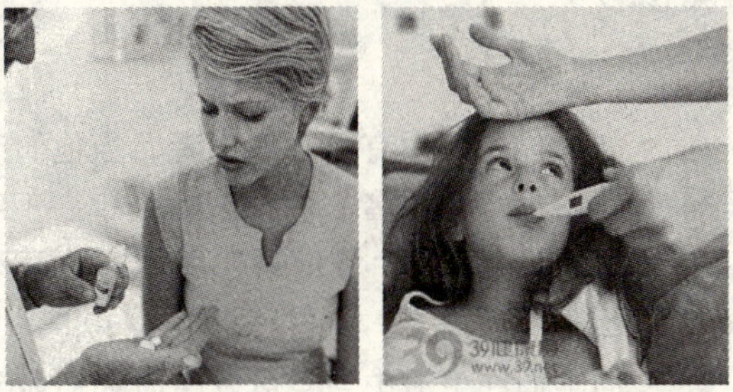

图 7.18　感冒发烧了，咋办

通常来讲，感冒是病毒感染引起的，而针对病毒感染有效的药物不是很多。在国外人们发热吃点阿司匹林、维生素 C 等，在国内主张吃些清热解毒的中药，如感冒冲剂。感冒主要还是要靠自身的抵抗力，患者通常过几天就能够康复。如果是咽喉疼痛厉害、有黄痰的情况可以使用抗生素。

严格意义上讲，对病毒性感冒并没有什么有效的药物，只是对症治疗，而不需要使用抗生素。大家可能都有过这种经历，感冒以后习惯性在药店买一些感冒药，同时加一点抗生素来使用。实际上抗生素在这个时候是没有用处的，是浪费也是滥用。

长期大量服用抗生素，会严重破坏自身免疫系统，引起抵抗力下降，还可以引起肠道功能失调。同时，身体里可能产生大量耐药细菌，导致无药可治！

2. 家中的抗生素，能否自行服用

如果是凭经验，上呼吸道感染或一般的肠胃炎自己服用一些也未尝不可。但是如果病情有变化还是要去医院看病。每种抗生素作用不同，现在国家规范使用抗生素也是由于人们在家里随意吃抗生素，抓到什么就吃什么，这样效果并不好，而且可能会产生反作用。如果有炎症，原来吃某种药有效果，那么这次要吃，一定要控制到一个比较好的情况，避免不规范用药。如果吃药后没有效果要及时就医，因为普通的抗生素耐药性还是挺强的，所以有时候需要调换其他一些更有效果的药物。

**我的感悟：**

• 如果你的身边有冠心病患者，当他们突发心脏疼痛时，你会如何处理呢？两个同学一组，一个模拟患者，一个现场处理一下吧！

• 如果你是2.3“警示录”中小马的同学，在小马倒地的那一刻，如果你在现场，你会怎么做呢？

• 同学们在生活中当晕厥发生时如何做到自我保护，防止意外受到的伤害？训练一下如何倒地吧，要注意安全哟！

• 我们在游泳前和游泳中需要注意哪些问题呢？

• 如果在家不慎被烫伤，你会如何处理呢？

• 家里有养宠物的同学们，当被宠物咬伤后，你会怎样科学处理呢？

**附：求救总动员**

常言说得好："报警早，损失小。"我们同学们在遇到各种自然灾害、人为侵害、突发事件时，务必在第一时间报警求救，以确保自己和他人的生命财产安全。

1. 急救电话——救助的第一步

• 110　报警服务电话

• 119　火警报警电话

• 120　医疗急救指挥中心电话

• 122　交通事故报警电话

2. 报警电话的使用方法

• 就近报警，越快越好；

• 拨打 110、119、120、122 免收电话费，投币、磁卡等公用电话都可直接拨打；

• 手机报警无需加区号；

• 在欠费状态或待机状态下，固定电话、手机、小灵通等通信工具可以呼叫所有紧急救助电话；

• 110、119、120、122 四台联动，遇到重大灾祸时，拨打任何一个都能得到帮助，但必须说清需要什么性质的救助；不要同时拨打几个号码，以免造成资源浪费；

• 报警求助电话，争分夺秒，语言必须清楚、准确，最忌语无伦次，这是最重要的。因此，报警者一定要保持镇定，抓紧时间把事情说清楚，无关的话不要讲；

• 留下你的联系电话和姓名。

**特别注意：**

切勿乱打报警电话，报假案、滋扰报警服务台工作人员，对恶意骚扰电话，根据《治安管理处罚条例》给予批评、警告、罚款以至治安拘留的处罚，情节特别严重者将依法追究刑事责任。同时拨打 120 取乐，也是扰乱社会秩序的表现，同样可以按照《治安管理条例》进行处罚。

3. 野外生存求救信号

在野外，生存环境非常恶劣，各种灾难会不期而至。对野外生存者来说，及时了解自己所面临的困境，通知别人，求得救援，是非常重要的。遇险求救时，要通过各种方式与别人取得联系，发出的信号要足以引起人们的注意。

• 烟火信号

火光作为联络信号是非常有效的。按照国际通行的做法是：燃放三堆火焰，使之围成三角形（国际通用的受困信号），每堆之间的间隔相等为好。在白天，烟雾是良好的定位器，在火堆上放些苔藓、绿色的树叶、或者洒一点水等使之产生白烟；如果往火里加一些橡胶、浸过油的碎布等，产生的烟会是黑色的。采用哪种方式，要看周围的背景颜色。晚上可放些干柴，使火烧旺，使火升高。

• 地对空信号

在比较开阔的地面，如草地、海滩、雪地上可以制作地面标志。

记住这几个单词：SOS（求救）、SEND（送出）、DOCTOR（医生）、HELP（帮助）、INJURY（受伤）、LOST（迷失）、WATER（水）。尺寸是每个信号长约10米、宽3米，否则，空中的人很难发现。

• 旗语信号

一面旗子或一块色泽亮艳的布料系在木棒上，持棒左右划动。

• 声音信号

在不很远的距离内发出求救信号。可大声呼喊，也可借助其他物品发出声响，如用斧子、木棍敲打树木。

• 反光信号

利用回光反射信号，是有效的办法。可利用的能反光的物品如金属信号镜、罐头皮、玻璃片、眼镜、皮带扣，等等。

在多数环境中，镜子发出的反光信号在正常情况下，70英里（113千米）以外就能看见。如果在沙漠地区，100英里（160千米）之外都能看见。

**特别注意：**

当离开危险地时，要留下一些信号物，以备让救援人员发现。地面信号物使营救者能了解你的位置或者过去的位置，方向指示标有助于他们寻找你的行动路径。一路上要不断留下指示标，这样做不仅可以让救援人员追寻而至，在自己希望返回时，也不致迷路。